Eine Zusammenstellung des Inhaltes der Hefte 1 bis 100 der Mitteilungen über Forschungsarbeiten zugleich mit einem Namen- und Sachverzeichnis wird auf Wunsch kostenfrei von der Redaktion der Zeitschrift des Vereines deutscher Ingenieure, Berlin N.W., Charlottenstr. 43, abgegeben.

Heft 103. **Constam** und **Schläpfer**: Ueber den Einfluß der flüchtigen Bestandteile fester Brennstoffe auf den Wirkungsgrad von Kesselanlagen mit Innenfeuerung.

Heft 104. **Schneider**: Die Kugelfallprobe.
Gröber: Wärmeleitfähigkeit von Isolier- und Baustoffen.

Heft 105. **Pockrandt**: Versuche zur Ermittelung der günstigsten Arbeitsweise der Rundschleifmaschine.

Heft 106. **Zacharias**: Untersuchungen an zylindrischen Schraubenfedern mit kreisförmigem Querschnitt.
Voissel: Resonanzerscheinungen in der Saugleitung von Kompressoren und Gasmotoren.

Bezugsbedingungen:

Preis des Heftes 1 Mk,
zu beziehen durch Julius Springer, Berlin W. 9;
für Lehrer und Schüler technischer Schulen 50 Pfg,
zu beziehen gegen Voreinsendung des Betrages vom Verein deutscher Ingenieure, Berlin N.W. 7, Charlottenstraße 43.

Mitteilungen

über

Forschungsarbeiten

auf dem Gebiete des Ingenieurwesens

insbesondere aus den Laboratorien
der technischen Hochschulen

herausgegeben vom

Verein deutscher Ingenieure.

Heft 107.

Springer-Verlag Berlin Heidelberg GmbH

ISBN 978-3-662-01770-8   ISBN 978-3-662-02065-4 (eBook)
DOI 10.1007/978-3-662-02065-4

Inhalt.

Modellversuche über den Schiffahrtsbetrieb auf Kanälen und die dabei auftretende Wechselwirkung zwischen Kanalschiff und Kanalquerschnitt.

Von **H. Krey.**

Einleitung.

Gegen Mitte dieses Jahres haben einige Reihen bedeutsamer Versuche, welche mit Unterbrechungen im Laufe der letzten fünf Jahre in der Königlichen Versuchsanstalt für Wasserbau und Schiffbau in Berlin zur Ausführung gekommen sind, ihren Abschluß gefunden. Die Versuche fanden auf Anordnung des Ministeriums der öffentlichen Arbeiten statt, um der Staatsbauverwaltung für ihre Entschließungen über Einzelfragen beim Bau der neuen Kanäle einwandfreie Unterlagen zu schaffen. Sie haben diesen Zweck erfüllt und dürften jetzt auch wegen der aus ihnen gezogenen Schlüsse für die weitere Oeffentlichkeit von Bedeutung sein.

Ihrem Zwecke entsprechend sind sie nicht von vornherein nach einem bestimmten Programm festgelegt und danach durchgeführt, sondern ebenso wie sie den Maßnahmen der Bauverwaltung als Grundlage gedient haben, sind sie auch wieder durch deren Absichten und Entschließungen beeinflußt worden. Es handelt sich somit nicht um einen einzigen großen Versuch, sondern um verschiedene Versuche, die nur durch die von der Staatsbauverwaltung damit verfolgten Ziele folgerichtig zusammenhängen und zum Teil mit den gleichen Mitteln und denselben Modellen zur Ausführung gelangt sind.

Allgemeiner Gang der Versuche.

Die ersten Versuche rechneten im Hinblick auf den § 18 des Wasserstraßengesetzes vom 1. April 1905 mit maschineller (elektrischer) Treidelei vom Ufer aus. Dafür war es in erster Linie erforderlich, den Widerstand festzustellen, den Kanalschiffe verschiedener Formen in verschieden geformten Kanalprofilen erfahren, um danach einerseits die für den Betrieb zweckmäßigsten Formen der Schiffe und des Kanalquerschnitts zu wählen, andererseits daraus Schlüsse für den geplanten Schleppbetrieb selbst zu ziehen.

Untersuchungen über den Einfluß des Abstandes der Kähne im Schleppzuge auf den Widerstand und die später eingeschobenen Versuche über den Einfluß des Begegnens der Schiffe auf den Betrieb dienten den gleichen Zwecken.

Die ersten Versuche zeigten unter anderem schon den Vorteil eines in der Mitte vertieften Kanalquerschnitts, der später auch infolge der weiteren Versuche über die Einwirkung der Dampferschraube auf die Kanalsohle zur Ausführung gelangt ist.

Dann zeigten andere Erwägungen wirtschaftlicher Natur[1]), welche sich an diese Versuche anschlossen und zum Teil auf sie gründeten, daß auch bei Ausführung des staatlichen Schleppbetriebes im Anfange der Entwicklung des Verkehrs die Ausübung des Schiffzuges durch Schleppdampfer der elektrischen Treidelei vom Ufer aus wirtschaftlich überlegen war. Man mußte daher mit der Möglichkeit rechnen, daß auch auf den Kanälen, für welche das Schleppmonopol zur Einführung gelangen sollte, der Schleppdampferbetrieb jedenfalls in der ersten Zeit ihres Bestehens zur Ausführung kommen würde, und mußte darum auch die Querschnittform der neuen Kanäle sowie die Ufer- und Sohlendeckungen dieser Betriebsart anpassen und sie gegen die Angriffe, welche aus dem Dampferbetrieb erwachsen, sichern. Damit war der Weg für die weiteren Versuche vorgezeichnet. Der mit den Versuchen verfolgte Zweck war sinngemäß ein doppelter: Zuerst handelte es sich, wie erwähnt, um die Wahl geeigneter Kanalquerschnitte gegenüber dem Angriffe der vorhandenen Schlepper und selbstfahrenden Kanalkähne. Als dann die Querschnittformen festgelegt waren und man sich endgültig für den Dampferschleppbetrieb entschieden hatte, mußte man die neu zu beschaffenden Schleppdampfer den gewählten Kanalformen anpassen. Aufgabe des Versuches war es, einen Anhalt zu gewinnen für die Herstellung einer Bauart der neuen Schleppdampfer, die, ohne unwirtschaftlich im Betriebe zu sein, doch die Sicherheit eines möglichst geringen Angriffes auf die Sohle und die Böschungen bot.

Dies ist in Kürze der Gedankengang der in den letzten Jahren ausgeführten Kanalversuche gewesen. Die Ergebnisse haben den auf sie gesetzten Erwartungen voll entsprochen. Sie haben der Staatsbauverwaltung bei ihren Entschließungen für die Ausgestaltung des Querprofils der Kanäle und die Anordnung des Schleppbetriebes wertvolle Unterlagen geliefert und sind zum Teil schon weiteren Kreisen zugänglich gemacht.

Ausführung und Ergebnisse der Versuche des Jahres 1906.

Was die Versuchsreihen selbst anlangt, so sind die im Jahre 1906 ausgeführten Modellversuche über den Zugwiderstand von Kähnen und Schleppzügen in Kanälen und ihre Ergebnisse bereits in der oben angeführten Veröffentlichung wiedergegeben[1]). Es kann daher auf diese Veröffentlichung verwiesen werden. Wiederholt sei nur nochmals das Schlußergebnis aus den Versuchen des ersten Jahres, daß durch eine Vergrößerung des Wasserquerschnittes der Kanäle der Zugwiderstand der Kähne und auch der Angriff auf das Kanalbett und die Ufer vermindert wird, daß es aber vorteilhafter ist, diese Querschnittvergrößerung mehr nach der Tiefe als nach der Breite hin vorzunehmen. Diese letztere Erfahrung des Versuches steht im Einklange mit den rechnerischen Ermittlungen des Schiffswiderstandes in der Veröffentlichung vom September 1905[2]) über den Schiffswiderstand auf Kanälen.

---

[1]) Vergl. auch »Untersuchungen über den Schiffahrtsbetrieb auf dem Rhein-Weser-Kanal« von Geh. Oberbaurat Dr.-Ing. Sympher, Reg.- u. Baurat Thiele und Maschinenbauinspektor Block. Zeitschrift für Bauwesen 1907 S. 560 bis 568.

[2]) »Schiffswiderstand auf Kanälen und seine Beziehungen zur Gestalt des Kanalquerschnittes und zur Schiffsform«. Zeitschrift für Bauwesen 1906 S. 503 bis 598.

Untersuchte Kanalquerschnitt- und Schiffsformen.

Die Versuche, welche im Jahre 1906 wegen anderweitiger dringender Benutzung der großen Versuchsrinne abgebrochen werden mußten, sind im Monat Juni 1907, und zwar in demselben Maßstabe (1 : 9), aber in einem doppelt so langen Versuchskanal (100 m) wieder aufgenommen und auf andere Schiffsformen und Kanalprofile ausgedehnt worden und haben in den zusammenhängenden Versuchen der Jahre 1908 bis 1910 ihre Fortsetzung gefunden.

Von den Kanalprofilen sind im ganzen untersucht worden:

1) die Versuchstrecke des Dortmund-Ems-Kanals bei Lingen,

2) das Muldenprofil der Versuchsanstalt zu Uebigau (s. Fußnote S. 8),

3) ein Trapezprofil mit einer dem Muldenprofil gleich großen Querschnittfläche,

4) das ursprünglich für den Rhein-Weser-Kanal vorgesehene Abtragsprofil bei Wassertiefen von 2,50 bis 2,70 und 3,00 m (dem gewöhnlichen und dem angespannten Wasserspiegel entsprechend),

5) ein erweiterter Querschnitt des Dortmund-Ems-Kanals bei Geeste.

Bei den späteren Versuchen über Einwirkung des Betriebes auf die Kanalsohle ist noch

6) das Profil des Großschiffahrtsweges Berlin-Stettin mit einbezogen

und schließlich bei den Versuchen zur Gewinnung einer zweckmäßigen Bauart für die neu zu beschaffenden Schleppdampfer

7) das endgültige Profil des Rhein-Weser-Kanals zugrunde gelegt worden (siehe Fig. 1 bis 7).

Die Wasserquerschnitte F und Tiefen t der untersuchten Profile sind folgende:

1) Versuchsprofil des Dortmund-Ems-Kanals bei Lingen

	F qm	t m
a) bei gewöhnlichem Wasserspiegel	59,5	2,55
b) bei Anspannung des Wasserspiegels um 0,5 m	75,4	3,05
2) Muldenprofil der Uebigauer Anstalt	61,2	3,05
3) Trapezprofil	61,2	2,61

4) Ursprünglich vorgesehenes Abtragsprofil des Rhein-Weser-Kanals

	F qm	t m
a) bei gewöhnlichem Wasserspiegel	61,5	2,50
b) bei Anspannung des Wasserspiegels um 0,2 m	67,8	2,70
c) bei Anspannung des Wasserspiegels um 0,5 m	77,5	3,00
5) Erweitertes Profil des Dortmund-Ems-Kanals bei Geeste . . .	109,5	3,50

6) Querprofile des neuen Großschiffahrtsweges Berlin-Stettin

mittlere Sohlentiefe $\frac{2,3 + 3,0}{2}$ . . . . 68,0 $\left\{ \begin{array}{l} 3,0 \\ 2,65 \end{array} \right.$

7) Endgültiges Querprofil des Rhein-Weser-Kanals

a) bei gewöhnlichem Wasserspiegel . . . . 65,5 $\left\{ \begin{array}{l} 3,00 \\ 2,75 \end{array} \right.$

b) bei Anspannung des Wasserspiegels um 0,5 m . . . . . 81,5 $\left\{ \begin{array}{l} 3,5 \\ 3,25 \end{array} \right.$

Die bei den Versuchen verwendeten Kahnformen sind die nachstehenden:

1) Die Kahnformen der im Jahre 1898 auf dem Dortmund-Ems-Kanal im großen ausgeführten Versuche, und zwar

a) ein Seekahn des Norddeutschen Lloyds, Modell 112, Fig. 8,

b) der Kanalkahn Emden, Modell 113 und 165, Fig. 9.

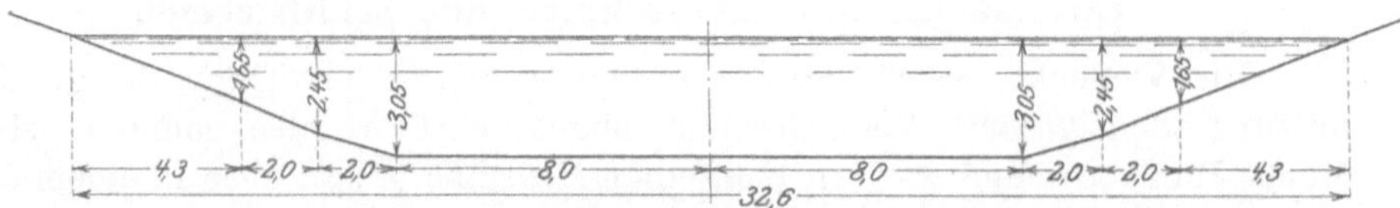

Fig. 1. Querschnitt des Dortmund-Ems-Kanals auf der Versuchsstrecke bei Lingen.
Wasserstand 0,5 m angespannt. *F* = 75,4 qm.

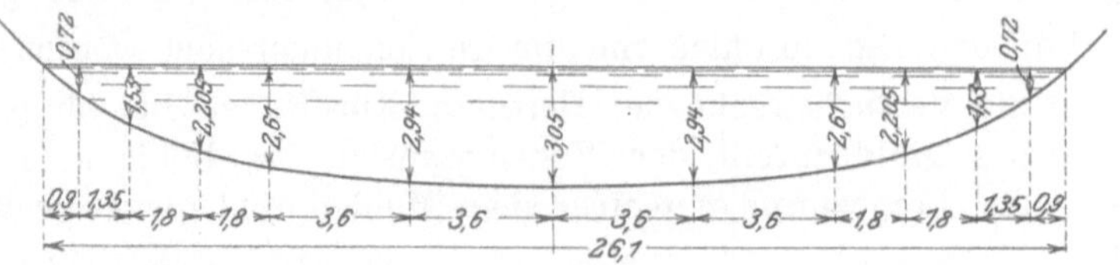

Fig. 2. Muldenprofil der Versuchsanstalt Uebigau. *F* = 61,2 qm.

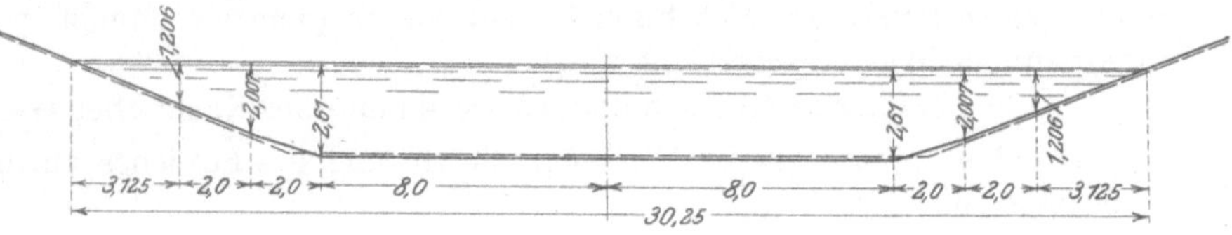

Fig. 3. Trapezprofil mit einer dem Muldenprofil gleichen Querschnittfläche.
F = 61,2 qm. Querschnitt in der Uebigauer Versuchsanstalt.

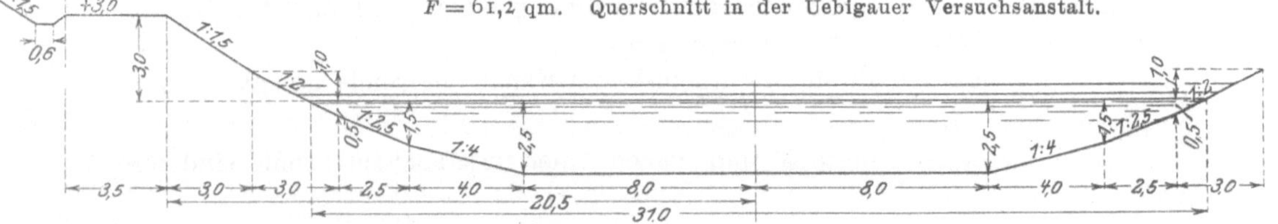

Fig. 4. Ursprünglich vorgesehener Querschnitt des Rhein-Weser-Kanals.
Wasserhaltender Querschnitt bei gewöhnlichem Wasserspiegel (2,5 m Tiefe) = 61,5 qm
»   »   »   angespanntem   »   (2,7 »   ») = 67,9 »
»   »   »   »   »   (3,0 »   ») = 77,5 »

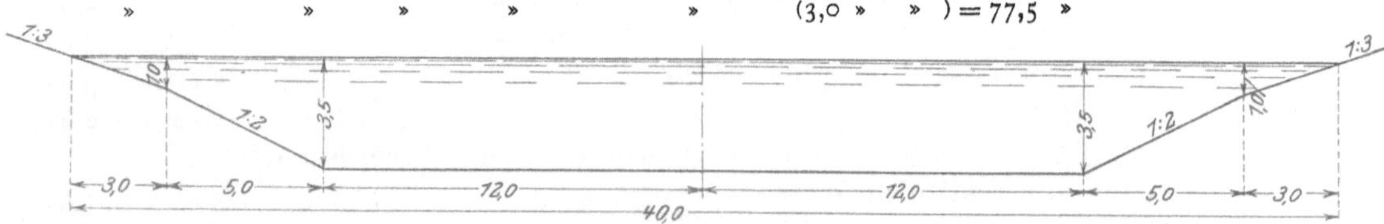

Fig. 5. Erweiterter Querschnitt des Dortmund-Ems-Kanals bei Geeste. *F* = 109,5 qm.

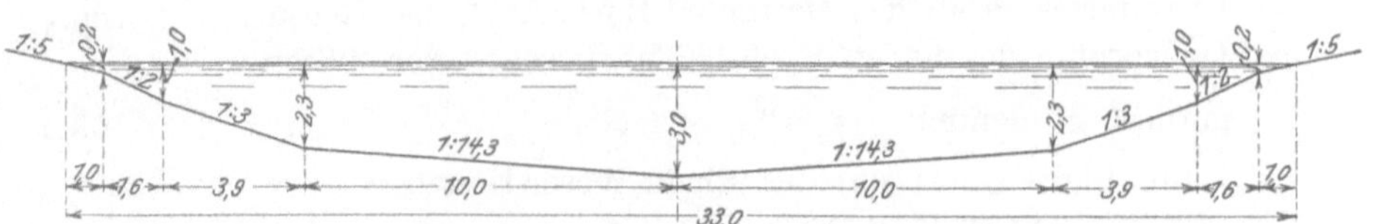

Fig. 6. Profil des Großschiffahrtsweges Berlin-Stettin. *F* = 68,0 qm.

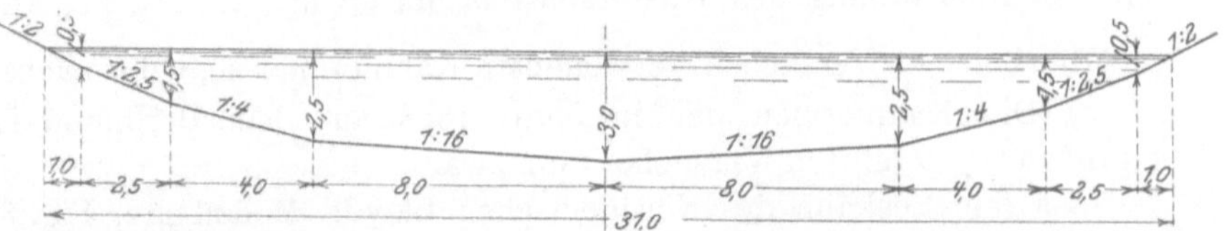

Fig. 7. Endgültiges Profil des Rhein-Weser-Kanals. *F* = 65,5 qm.

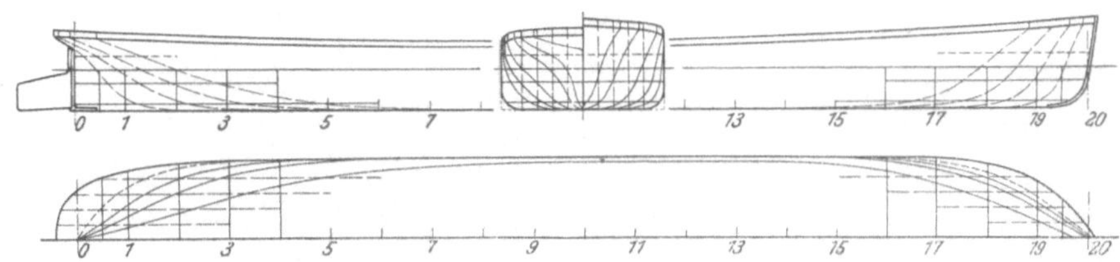

Fig. 8. Seekahn des Norddeutschen Lloyds, Modell 112.
Länge zwischen den Loten 50,00 m.   Größte Breite 8,00 m.   Konstruktionstiefgang 2,00 m.
Wasserverdrängung 594 cbm.

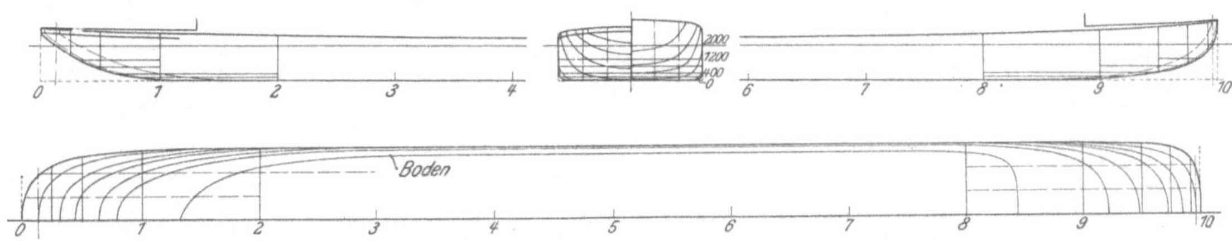

Fig. 9. Kanalkahn Emden, Modell 113.
Länge zwischen den Loten 65,60 m.   Größte Breite 8,10 m.   Konstruktionstiefgang 2,00 m.
Wasserverdrängung 944 cbm.

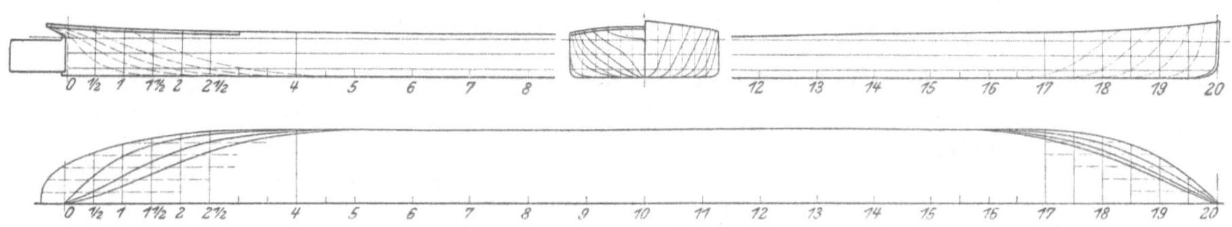

Fig. 10. Uebigauer Entwurf, Stevenform, Modell 114.
Länge zwischen den Loten 63,0 m.   Größte Breite 8,10 m.   Konstruktionstiefgang 2,07 m.   Wasserverdrängung 900 cbm.

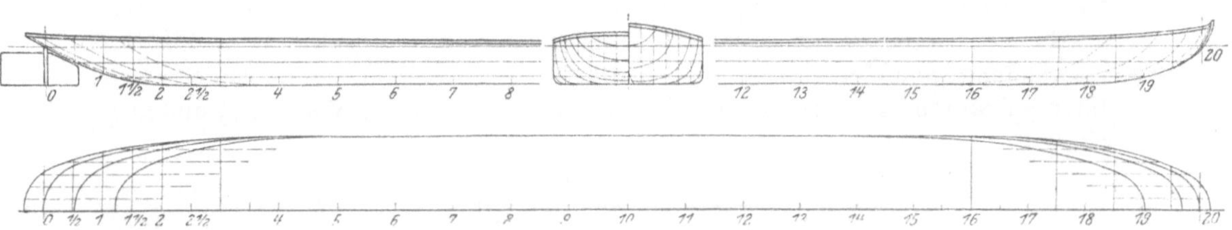

Fig. 11. Uebigauer Entwurf, Löffelform, Modell 114.
Länge zwischen den Loten 63,0 m.   Größte Breite 8,10 m.   Konstruktionstiefgang 2,07 m.   Wasserverdrängung 900 cbm.

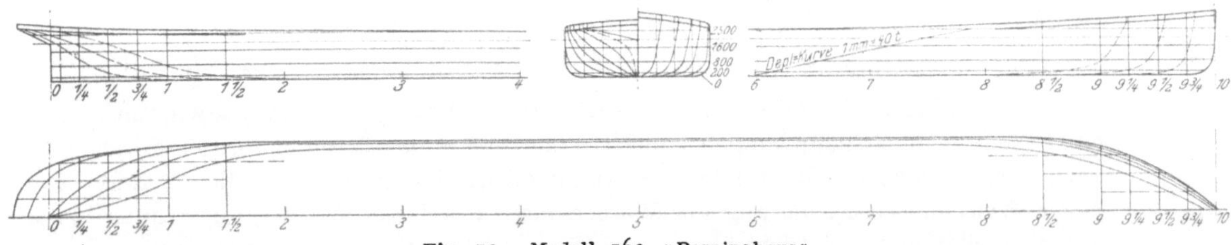

Fig. 12. Modell 163, »Berninghaus«.
Länge zwischen den Loten 65,0 m.   Größte Breite 8,07 m.   Seitenhöhe 2,5 m.   Konstruktionstiefgang 2,0 m.

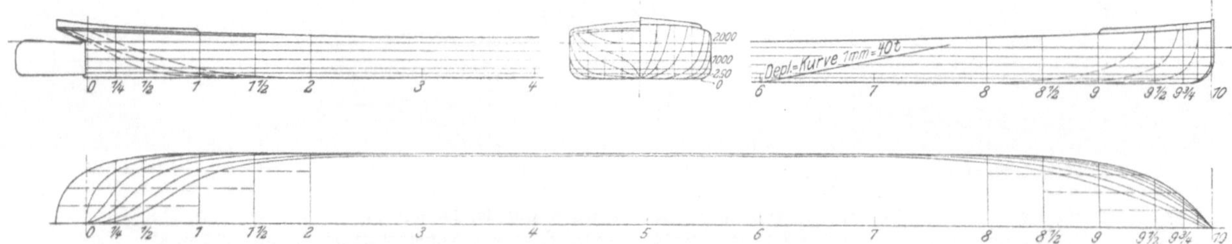

Fig. 13. Modell 164, »Union Dortmund«.
Länge zwischen den Loten 65,10 m. Größte Breite 8,10 m. Seitenhöhe 2,30 m. Konstruktionstiefgang 2,0 m.

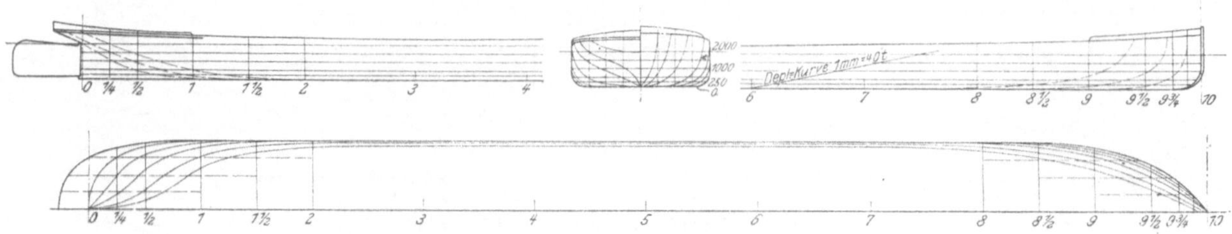

Fig. 14. Modell 167.
Länge zwischen den Loten 65,10 m. Größte Breite 8,10 m. Seitenhöhe 2,30 m. Konstruktionstiefgang 2,0 m.

2) Die Kahnformen der Uebigauer Modellversuche, und zwar

    a) Stevenform, Modell 114 und 161, Fig. 10,

    b) Löffelform, Modell 115 und 162, Fig. 11.

3) Kahnformen, wie sie sich zurzeit auf dem Dortmund-Ems-Kanal im Betriebe befinden, und zwar

    a) Kanalkahn »Berninghaus«, Modell 163 und 231, Fig. 12,

    b)   »   »Union Dortmund«, Modell 164, Fig. 13.

4) Eine durch Umänderung aus der Form 3b (mittels Kimmabrundung) gewonnene Kahnform, Modell 167, Fig. 14.

5) Für die Versuche des Jahres 1908 zur Klarlegung der Einwirkung des Betriebes auf das Kanalprofil und der etwaigen Sicherungen der Sohle und Böschungen gegen den Angriff der Schiffschraube hat lediglich eine Schiffsform Verwendung gefunden, welche als selbstfahrender Kanalkahn und aus der Form unter 3a) durch Zuschärfung des Hinterschiffes gebildet ist, Modell 243 und 297, Fig. 15.

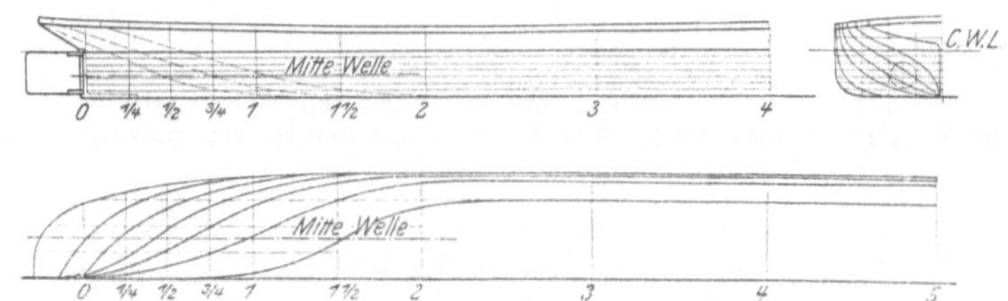

Fig. 15. Selbstfahrender Modellkahn Nr. 243 und 297 mit gewöhnlicher Heckform.

Sodann sind für die letzten Versuche der Jahre 1909/10 zur Gewinnung einer geeigneten Schleppdampfer-Bauart außer der unter 5) aufgeführten Form noch verschiedene selbstfahrende Kanalkahnmodelle benutzt worden, die in ähnlicher Weise durch Aenderung der Wasserlinien des Hecks aus der Form unter 3a) abgeleitet und außerdem noch durch verschiedene Schrauben-Lage und -Anordnung gegeneinander verändert sind, und zwar im wesentlichen die Formen:

6) Selbstfahrende Kanalkähne als Tunnelheckschiffe gebaut, Modell 298, Fig. 16.

7) Selbstfahrende Kanalkähne mit flacher Hecküberdeckung, Modell 298a, Fig. 17.

Schließlich ist

8) nach den Ergebnissen der Versuche eine besondere Schleppdampferform entworfen und dem Schlußversuch im Modell zugrunde gelegt, Modell 314, Fig. 99, Seite 60.

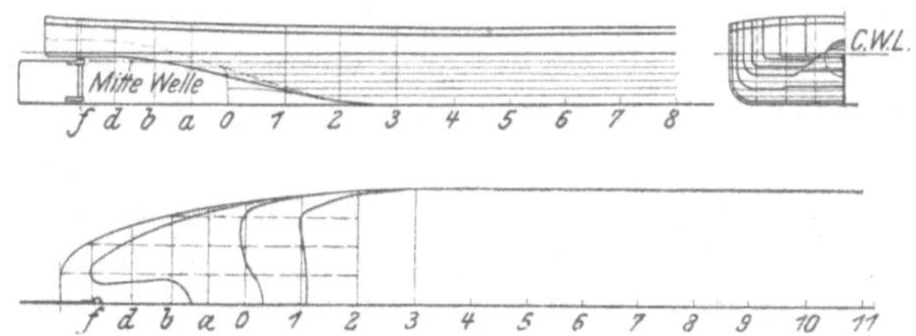

Fig. 16. Selbstfahrender Modellkahn Nr. 298 (Tunnelheckschiff).

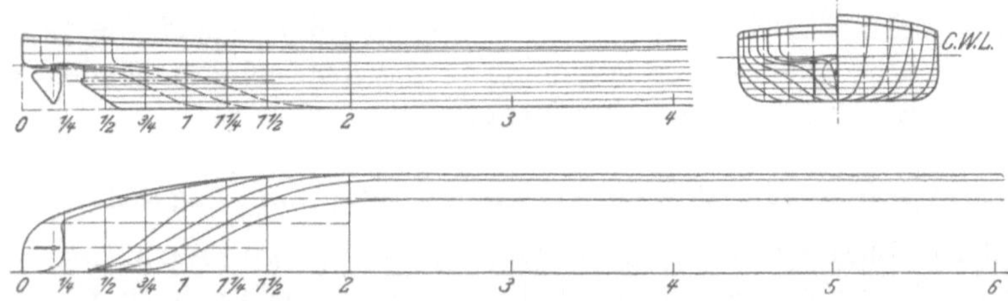

Fig. 17. Selbstfahrender Modellkahn Nr. 298a mit Hecküberdeckung.

Die Hauptabmessungen der verwendeten Schiffsformen, ihr Tiefgang und ihre Wasserverdrängung sind, soweit sie für die Versuche von Bedeutung waren, in der folgenden Zahlentafel I angegeben; ihre Linienrisse sind in den Fig. 8 bis 17 und 99 wiedergegeben. Die Angaben beziehen sich auf die wirkliche Größe.

Zahlentafel I.

	Kähne der 1898 im großen ausgeführten Versuche		Uebigauer Modelle		Kanalkähne, auf dem Dortmund-Ems-Kanal im Betrieb befindlich		abgerundete Formen 164	selbstfahrende Kanalkähne, aus 163 und 231 durch Zuschärfung achtern
	See-kahn	Kanal-kahn Emden	Steven-form	Löffelform	Berning-haus	Union Dort-mund		
Modell Nr.	112	113 u. 165	114 u. 161	115 u. 162	163 u. 231	164	167	297 u. 243
		1		2		3	4	5
	a	b	a	b	a	b		
Länge zwischen den Loten	55,0	65,60	63,0	63,0	65,0	65,10	65,10	65,0
größte Breite . . .	8,0	8,10	8,10	8,10	8,07	8,10	8,10	8,07
Wasserverdrängung bei								
1,50 m Tiefgang	488 cbm	690 cbm	639 cbm	633 cbm	655 cbm	672 cbm	664 cbm	
1,75 » »	578 »	815 »	750 »	748 »	779 »	794 »	786 »	749 cbm
2,00 » »	672 »	944 »	865 »	865 »	891 »	918 »	905 »	
Ladung bei								
1,50 m Tiefgang	277 t	555 t	469 t	463 t	510 t	522 t	514 t	
1,75 » »	367 »	680 »	580 »	578 »	634 »	644 »	636 »	600 t
2,00 » »	461 »	809 »	695 »	695 »	746 »	768 »	755 »	
Völligkeitsgrad bei								
2,00 m Tiefgang	76,3 vH	88,7 vH	84,8 vH	84,8 vH	84,9 vH	87,1 vH	85,8 vH	—
1,70 » »	—	—	—	—	—	—	—	82,2 vH

I. Versuche über den Zugwiderstand verschiedener Schiffsformen in verschiedenen Kanalquerschnitten.

Die Ergebnisse der unmittelbaren Fortsetzung der Versuche des Jahres 1906 im Jahre 1907 (Maßstab 1:9) sind in der gleichen Weise ausgewertet, wie es in der oben (Fußnote 1 auf S. 2) angeführten Veröffentlichung eingehend beschrieben ist, indem der aus den Modellversuchen gemessene Widerstand in seine Teilwiderstände zerlegt und dann auf die Wirklichkeit übertragen ist[1].

Für wirtschaftliche Untersuchungen erschien es dabei am zweckmäßigsten, den Zugwiderstand der verschiedenen Schiffsformen in verschiedenen Kanalquerschnitten (in qm) für verschiedene Tauchtiefen (in m) und verschiedene Geschwindigkeiten (in km/st) für je 1 t Ladung in kg anzugeben. Praktisch handelt es sich bei den für die Versuche in Betracht kommenden Kanälen des Binnenlandes um Tauchtiefen von 1,50 bis 2,00 m und Geschwindigkeiten von 4 bis 6 km'st (1,11 bis 1,55 m/sk), da die außerhalb dieser Größen liegenden Tauchtiefen entweder aus wirtschaftlichen oder aus technischen Gründen nicht mehr zweckmäßig sind. In dieser Weise geordnet, sind die Ergebnisse der Modellversuche über den Zugwiderstand in der nebenstehenden Zahlentafel II für die wirkliche Größe zusammengestellt.

Schlußbetrachtungen zu den Versuchen über den Zugwiderstand.

Aus dieser Zusammenstellung ist wieder die günstige Einwirkung der Vergrößerung des Wasserquerschnittes auf die Zugkraft ersichtlich, und zwar zeigt sich dabei für die untersuchten und bisher üblichen Schiffsformen und Kanalquerschnitte, daß eine Vergrößerung der Tiefe in verstärktem Maße wirkt, da bei gleicher Größe des Wasserquerschnittes sich stets die Querschnittform als die günstigste erweist, welche die größte Sohlentiefe und die geringste Breite im Wasserspiegel hat.

Der Einfluß der Schiffsform auf den Zugwiderstand ist außerordentlich verwickelt. Das Verhältnis des Widerstandes zweier Schiffsformen zueinander ist nicht in allen Fällen das gleiche. Sowohl bei verschiedenen Geschwindigkeiten, als auch bei gleichen Geschwindigkeiten und nach Größe oder Form verschiedenen Wasserquerschnitten nimmt dies Verhältnis andere Werte an.

Eine Schiffsform, welche sich mit Bezug auf den Widerstand für eine bestimmte Geschwindigkeit und eine bestimmte Kanalquerschnittsform und -größe als besonders günstig erwiesen hat, ist daher unter anderen Verhältnissen (Geschwindigkeiten und Querschnitten) noch nicht von vornherein als die günstigste anzusprechen.

Die rechnerische Ermittlung des Formwiderstandes ist bisher noch nicht möglich gewesen, und auch die in den oben angezogenen Veröffentlichungen angegebenen Rechnungsverfahren, welche zum Teil auf Einzelheiten der Form Rücksicht nehmen, geben entsprechend ihrer Herleitung nur ganz rohe Näherungswerte für den Zugwiderstand, die aber doch in allen Fällen gute Dienste liefern werden, in denen die genaue Bestimmung des Zugwiderstandes nicht erforderlich oder aus irgend einem Grunde nicht angängig ist.

---

[1] Vergleiche hierzu auch die Veröffentlichung von Thiele, über den Schiffswiderstand auf Kanälen, Zentralblatt der Bauverwaltung Jahrgang 1901 S. 345; und von H. Engels und Fr. Gebers, über Schleppversuche mit Kanalkahnmodellen in unbegrenztem Wasser und in verschienen Kanalprofilen im Jahrbuch der Schiffbautechnischen Gesellschaft 1907 S. 389 u. f.; 1908 S. 488.

Zahlentafel II.

Modell Nr.	Wasserquerschnitt		Zugwiderstand für 1 t Ladung bei einer Geschwindigkeit von				
	Größe	Tiefe	4,0 km/st	4,5 km/st	5,0 km/st	5,5 km/st	6,0 km/st
	qm	m	kg	kg	kg	kg	kg
Tauchtiefe 1,50 m							
113, 165	59,5	2,55	0,68	0,90	1,15	1,44	1,76
113, 165	61,5	2,50	0,75	0,97	1,23	1,53	1,90
113, 165	67,8	2,70	0,70	0,85	1,04	1,29	1,59
113, 165	77,5	3,00	0,60	0,74	0,89	1,06	1,27
113, 165	∞	∞	0,34	0,36	0,42	0,48	0,54
114, 161	61,5	2,50	0,93	0,95	1,19	1,49	1,89
114, 161	61,2	2,62	0,63	0,83	1,08	1,37	1,72
114, 161	61,2	3,05	0,65	0,83	1,06	1,37	1,74
115, 162	61,5	2,50	0,75	0,95	1,19	1,49	1,87
115, 162	61,2	2,62	0,62	0,84	1,10	1,42	1,80
115, 162	61,2	3,05	0,54	0,74	0,99	1,29	1,66
163	61,5	2,50	0,68	0,85	1,04	1,29	1,61
164	61,5	2,50	0,72	0,92	1,15	1,42	1,75
167	61,5	2,50	0,63	0,85	1,11	1,43	1,81
167	∞	∞	0,34	0,40	0,45	0,52	0,59
Tauchtiefe 1,75 m							
112	59,5	2,55	0,84	1,16	1,37	1,70	2,15
113, 165	59,5	2,55	0,71	0,96	1,22	1,52	1,90
113, 165	61,5	2,50	0,82	1,08	1,41	1,81	2,40
113, 165	67,8	2,70	0,77	0,86	1,08	1,35	1,70
113, 165	77,5	3,00	0,61	0,75	0,90	1,10	1,35
113, 165	75,4	3,05	0,61	0,75	0,92	1,11	1,31
113, 165	109,5	3,50	0,31	0,45	0,60	0,78	0,98
113, 165	∞	∞	0,30	0,39	0,45	0,53	0,60
114, 161	61,5	2,50	0,77	1,00	1,30	1,69	2,20
114, 161	61,2	2,62	0,70	0,92	1,22	1,58	2,03
114, 161	61,2	3,05	0,70	0,88	1,12	1,43	1,82
115, 162	61,5	2,50	0,71	0,93	1,23	1,59	2,09
115, 162	61,2	2,62	0,65	0,89	1,17	1,51	1,92
115, 162	61,2	3,05	0,53	0,77	1,00	1,27	1,66
163	61,5	2,50	0,74	0,95	1,20	1,49	1,88
164	61,5	2,50	0,77	0,99	1,25	1,59	2,07
167	61,5	2,50	0,72	0,96	1,26	1,63	2,03
167	67,8	2,70	0,68	0,89	1,16	1,47	1,92
167	77,5	3,00	0,58	0,75	0,96	1,21	1,49
167	∞	∞	0,36	0,43	0,49	0,57	0,65
Tauchtiefe 2,00 m							
112	59,5	2,55	0,78	0,98	1,32	1,73	2,00
113, 165	59,5	2,55	0,83	1,12	1,50	2,06	2,75
113, 165	61,5	2,50	1.00	1,36	1,82	2,44	3,30
113, 165	67,8	2,70	0,83	0,95	1,24	1,62	2,15
113, 165	77,5	3,00	0,65	0,80	0,97	1,19	1,46
113, 165	∞	∞	0,38	0,44	0,52	0,60	0,69
114, 161	61,5	2,50	0,87	1,14	1,52	2,08	2,84
114, 161	61,2	2,62	0,83	1,08	1,41	1,86	2,55
114, 161	61,2	3,05	0,78	0,98	1,25	1,61	2,14
115, 162	61,5	2,50	0,83	1,11	1,52	2,04	2,76
115, 162	61,2	2,62	0,77	1,06	1,43	1,87	2,42
115, 162	61,2	3,05	0,65	0,86	1,10	1,42	1,87
163	61,5	2,50	0,82	1,10	1,43	1,88	(2,80)
164	61,5	2,50	0,96	1,24	1,59	2,10	(2,90)
167	61,5	2,50	0,85	1,15	1,62	2,20	(2,96)
167	67,8	2,70	0,71	0,95	1,28	1,71	2,30
167	∞	∞	0,39	0,46	0,53	0,62	0,71

Handelt es sich indessen um die genauere Bestimmung des Widerstandes zur Entscheidung zwischen verschiedenen Formen, so bleibt nur der Weg übrig, die Verhältnisse jedesmal durch Versuche aufzuklären und den Widerstand bei den entsprechenden Geschwindigkeiten und Wasserquerschnitten des Modells festzustellen, mit denen das Schiff in Wirklichkeit fahren soll.

Wie sehr scheinbar geringfügige Verschiedenheiten auf den Widerstand einwirken, zeigen die Beobachtungen an den Modellen 163, 164 und 167. Die Modelle 163 und 164 waren gewählt, weil Kähne dieser Form sich im Betriebe auf dem Dortmund-Ems-Kanal als zweckmäßig erwiesen hatten. Ihre Formen sind, wie die Fig. 12 und 13 zeigen, sehr ähnlich und unterscheiden sich hauptsächlich nur durch die stärkere Abrundung der Kimm beim ersteren. Da nun die Versuche eine deutliche Ueberlegenheit des Modells Nr. 163 bei allen Tauchtiefen ergeben hatten, so wurde ein neues Modell dadurch hergestellt, daß beim Modell Nr. 164 die gleiche Abrundung der Kimm vorgesehen wurde. In dieser Weise ergab sich das Modell Nr. 167, siehe Fig. 14. Die Versuche zeigen nun das merkwürdige Ergebnis, daß bei geringen Geschwindigkeiten zwar auch ein etwas geringerer Zugwiderstand als mit dem Modell Nr. 163 erzielt wurde, daß aber bei Geschwindigkeiten von 5 km/st und mehr im allgemeinen sogar eine Verschlechterung gegenüber dem ursprünglichen, noch völligeren Modell Nr. 164 eintrat.

Ueberhaupt sind die beobachteten Unterschiede zwischen den einzelnen Schiffsformen, so groß sie für sich genommen auch sind, doch nicht so einseitig zugunsten oder ungunsten einer Ausführungsform ausgefallen, daß man sich schon endgültig für eine Form entschließen müßte. Betrachtet man die Ergebnisse der den wirklichen Ausführungen von Kanalkähnen nachgebildeten Modelle Nr. 113, 163 und 164 näher, so scheint es allerdings, als wenn die Löffelform für die bei den Versuchen in Betracht kommenden Kanäle weniger günstig ist als die Stevenform. (Das Modell Nr. 113 war vorn und achtern löffelförmig ausgebildet, auf Grund der Versuche von De Mas gebaut und bei den Versuchen im Dortmund-Ems-Kanal benutzt; die beiden Modelle Nr. 163 und 164 sind Stevenkähne, die sich im Betriebe bewährt haben.) Es ist dies für flache Binnenkanäle, wie den Dortmund-Ems-Kanal und Rhein-Weser-Kanal auch verständlich, da das durch die Löffelform hauptsächlich gegen die Sohle gedrängte Wasser zwischen Sohle und Schiffsboden nicht genügend Platz findet und daher doch nachträglich dorthin ausweichen muß, wohin es durch die Stevenform mehr unmittelbar geleitet wird (vergl. dazu die oben angezogenen Veröffentlichungen in der Fußnote auf S. 2).

Aber auch die Größen selbst der gefundenen Unterschiede geben zu denken und lassen deutlich erkennen, daß die Entwicklung der Form der Kanalkähne gerade mit Rücksicht auf den Widerstand im Kanalprofil noch bei weitem nicht abgeschlossen ist. Wenn beispielsweise bei einem Tiefgang der Schiffe von 2,0 m, bei dem gleichen Kanalprofil von 61,5 qm Fläche und 2,5 m Tiefe und bei der gleichen Geschwindigkeit von 5 km/st Unterschiede von rd. 0,4 kg für 1 t Ladung festgestellt sind, so bedeutet das in dem einen Falle eine Vergrößerung der Zugkraft in der Schlepptrosse um etwa 30 vH und eine nicht unerhebliche Vergeudung von Betriebskosten, oder bei gleicher von den Schleppdampfern geleisteten Zugkraft eine Verzögerung und dadurch mittelbar auch wieder eine Verteuerung des Transportes.

II. Einfluß des Abstandes der Kähne im Schleppzuge.

Auf den ersten Blick mag die bekannte Tatsache vielleicht etwas wunderbar erscheinen, daß zwei Kanalschiffe, wenn sie hintereinander zusammengekuppelt sind, insgesamt nicht den gleichen Widerstand erfahren, den die Summe der Einzelwiderstände der beiden Schiffe ergibt, wenn sie unabhängig voneinander und in größerer Entfernung, sonst aber unter den gleichen Verhältnissen geschleppt werden; eine allgemeine Betrachtung der Wasserbewegung aber, welche durch die fahrenden Schiffe in ihrer Nähe verursacht wird, läßt die Gründe hierfür bald erkennen. Eine solche allgemeine Erörterung wird um so mehr von Wert sein für die Beurteilung der Versuche, als die aus ihnen gezogenen allgemeinen Schlüsse mit den besonderen Ergebnissen der Versuche sehr gut übereinstimmen.

Allgemeine Klarlegung der Wasserbewegung.

Wenn ein Schiff oder ein Schleppzug durch eine äußere Kraft (Schlepptrosse) in einem Kanal fortbewegt wird, so muß das Schiff seinerseits die gleiche Kraft auf das Wasser in Richtung der Fahrt ausüben. Diese Gesamtkraft wird, abgesehen von den zeitlich und örtlich verschiedenen Einzelbewegungen der Wasserteilchen, im allgemeinen die Wassermasse des Kanals vorwärtstreiben. In Uebereinstimmung damit sehen wir denn auch in der Wirklichkeit, daß bei jedem fahrenden Schiffe das Wasser im Kanal schon eine erhebliche Strecke vor dem fahrenden Schiffe die Bewegungsrichtung des Schiffes annimmt. Zu Anfang ist die Bewegung (Vorstrom = v_v) kaum merklich, nimmt dann mit dem Näherkommen des Sehiffes zu, bis sie kurz vor dem Schiffe wieder zu null wird und unmittelbar darauf in der Nähe des Vorderstevens in einen starken Rückstrom (v_r) von entgegengesetzter Richtung umschlägt. Im Einklange mit diesen Bewegungsrichtungen des Wassers bemerkt man vor jedem fahrenden Kanalschiffe eine ganz flach aus dem ursprünglichen Kanalwasserspiegel sich erhebende, aber in der Nähe vor dem ankommenden Fahrzeuge deutlich bemerkbare Wasserspiegelerhebung, die dann sofort neben dem Vordersteven des Schiffes in eine verhältnismäßig starke Absenkung übergeht, siehe Fig. 18.

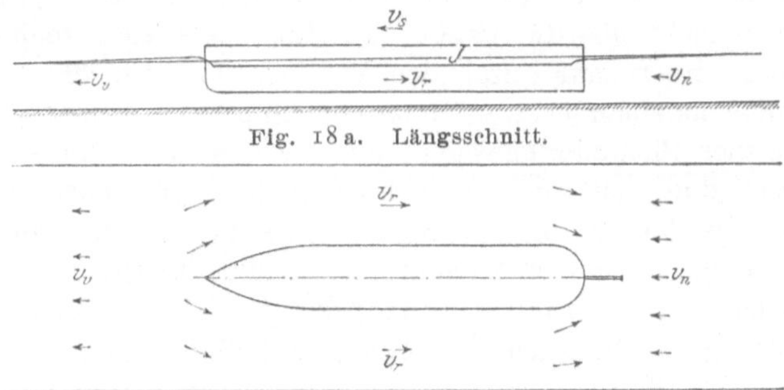

Fig. 18a. Längsschnitt.

Fig. 18b. Grundriß.

Fig. 18. Schematische Darstellung der Wasserbewegung im Kanal in der Nähe eines fahrenden Schiffes.

Die Wasserspiegelabsenkung am Vordersteven läßt sich aus der Geschwindigkeitsänderung vor und neben dem Schiffe näherungsweise berechnen; sie ist für den Gesamtwiderstand des Schiffes wegen der Verringerung des Wasserquerschnittes neben und unter dem Schiffe von größerer Bedeutung, weniger unmittelbar aber für die hier behandelte Frage des Einflusses des Abstandes der Schiffe im Schleppzuge auf den Gesamtwiderstand, da diese Wasserspiegelabsenkung durch eine (von den Verlusten abgesehen) rechnerisch etwa gleich große Wasserspiegelerhöhung am Hintersteven wieder ausgeglichen wird.

Von größerer Bedeutung für diese Frage ist das Wasserspiegelgefälle neben den fahrenden Schiffen, welches der Geschwindigkeit v_r des rückströmenden Wassers und der dadurch bedingten Reibung an den Schiff- und Kanalwandungen entspricht. Wie die übliche Näherungsformel $J = \dfrac{v^2}{c^2 R}$ ($J =$ Gefälle, $R =$ Profilhalbmesser) zeigt, beeinflußt eine Absenkung des Wasserspiegels neben dem Schiffe und damit die Querschnittverringerung für das rückströmende Wasser das Gefälle in doppelter Weise, sowohl durch Vergrößerung von v als durch Verkleinerung von R. Es wird also das Gefälle neben dem in Bewegung befindlichen Fahrzeuge oder Schleppzuge nicht gleichmäßig sein, sondern gegen das Ende zu mit der immer größer werdenden Absenkung erheblich zunehmen.

Am Achtersteven tritt dann wieder in gleicher (aber entgegengesetzter) Weise wie am Vordersteven eine fast plötzliche Wasserspiegelhebung ein durch die Verzögerung der Geschwindigkeit v_r bis auf null, die aber, wie bereits erwähnt, die Höhe der Wasserspiegelabsenkung am Vordersteven meist nicht ganz erreicht. (Vergl. hierzu auch die Veröffentlichung von Engels und Gebers, Fußnote auf S. 8.)

Sowohl aus diesem Grunde, wie auch hauptsächlich infolge des Gefälles neben dem Schiffe muß der Wasserspiegel kurz hinter dem Schiffe nicht unwesentlich niedriger liegen als kurz vor dem Schiffe. Es bleibt hier also eine Absenkung zurück, die sich erst ganz allmählich, asymptotisch in den normalen Wasserspiegel übergehend, verliert. Auf dieser ziemlich langen Strecke des Ausgleiches der Absenkung findet sich wieder eine Strömung in der gleichen Richtung der Schiffsbewegung, ein Nachstrom v_n (siehe Fig. 18).

Wegen der überschläglichen rechnerischen Ermittlung der Größen der durch diese Wasserbewegung hervorgerufenen Teilwiderstände auf ein einzelnes Schiff kann auf die oben erwähnten Veröffentlichungen verwiesen werden. Für die Beurteilung des Wesens des Einflusses der im Schleppzuge vereinigten Schiffe aufeinander dürfte die allgemeine Darlegung des Bewegungsvorganges ausreichen, um so mehr als die Größe des Einflusses sich rechnerisch nicht genau feststellen, sondern nur durch den Versuch ermitteln läßt.

Ohne Einfluß aufeinander werden zwei Schiffe, die sich im Kanal hintereinander in gleicher Richtung bewegen, nur dann sein, wenn sie soweit voneinander entfernt sind, daß sich die Erhebung des Vorstromes vor dem hinteren Schiffe und die Absenkung des Nachstromes hinter dem vorderen Schiffe nicht berühren, d. h. erst an einer Stelle ineinander übergehen, wo die durch das vordere Schiff allein verursachte Absenkung und die durch das hintere Schiff gleichfalls allein verursachte Erhöhung des Wasserspiegels für sich allein praktisch sehr kleine Werte annehmen; und nur dann kann man den Gesamtwiderstand des Schleppzuges gleich der Summe der Widerstände der einzeln fahrenden Schiffe setzen.

Ist der Abstand geringer, so wird auch der Gesamtwiderstand des Schleppzuges ein anderer werden. Die Aenderung, welche der Widerstand beider Schiffe dabei erfährt, hat in der Hauptsache zwei Ursachen, von denen die eine Ursache eine Vermehrung des Zugwiderstandes, die andere eine Verminderung hervorruft.

Eine Vermehrung des Widerstandes, welche sich lediglich am letzten Schiffe bemerkbar macht, wird, wie bereits angedeutet, durch die stärkere Einsenkung des zweiten Schiffes und das dadurch veranlaßte größere Gefälle neben dem Schiffe hervorgerufen. Wie aus der Darstellung Fig. 19 hervorgeht, findet das nachfolgende Schiff einen niedrigeren, durch das voranfahrende

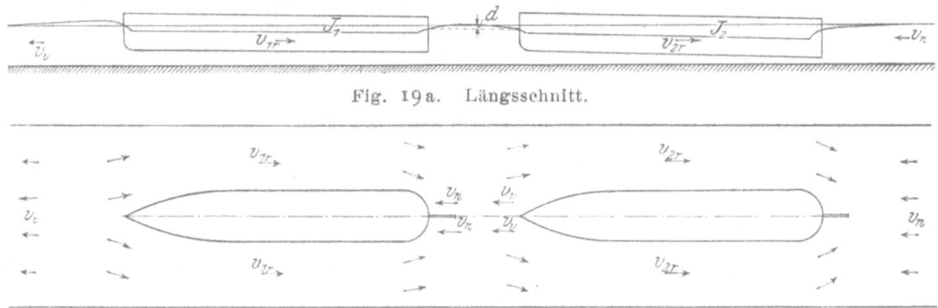

Fig. 19a. Längsschnitt.

Fig. 19b. Grundriß.

Fig. 19. Wasserbewegung in der Nähe eines Schleppzuges.

Schiff abgesenkten Wasserspiegel vor, und an diesen Wasserspiegel schließt sich die weitere Absenkung und das Spiegelgefälle J_2 neben dem nachfolgenden Schiffe an. Man sieht sogleich, daß die gesamte Spiegelsenkung gegenüber dem ursprünglichen Wasserspiegel, die Rückstromgeschwindigkeit v_{2r} und das Spiegelgefälle J_2 größer sein müssen als (v_{1r} und J_1) an dem ersten Schiffe.

Hand in Hand geht damit wahrscheinlich ein Herausheben des ersten Schiffes und dadurch eine Verringerung der Rückstromgeschwindigkeit v_{1r} und des Gefälles J_1, und darin liegt wieder eine Verringerung des Widerstandes für das erste Schiff. Die unmittelbare Ursache dieses Heraushebens liegt (außer in dem größeren Gesamtwiderstande der beiden Schiffe, welche auch eine größere Erhebung vor dem ersten Schiffe hervorruft) noch in einem Umstande, welcher beiden Schiffen zugute kommt. Beim engen Zusammenkuppeln der beiden Schiffe werden Vorstrom des zweiten und Nachstrom des ersten Schiffes zwischen den beiden Schiffen unmittelbar ineinander übergehen und sich gegenseitig verstärken; damit ist eine Erhöhung des Wasserspiegels und Wasserdruckes hinter dem ersten Schiffe und gleichzeitig eine Erniedrigung des Wasserdruckes vor dem zweiten Schiffe verbunden. (Man kann sich vorstellen, daß das zweite Schiff, anstatt den Wasserberg des Vorstromes zu schieben, direkt auf das vordere Schiff drückt, und umgekehrt, daß das vordere Schiff, anstatt saugend auf die Wassermasse des Nachstromes zu wirken, mittelbar durch Aenderung des Wasserdruckes an dem zweiten Schiffe zieht.) Dieses Ansaugen der Schiffsenden bei gleicher Bewegungsrichtung ist eine bekannte Erscheinung, die man oft bei Ueberholung eines Schiffes durch ein anderes beobachten kann. Im engen Kanal und bei hinreichend großer Geschwindigkeit kann dieses Ansaugen des Bugs des überholenden an das Heck des voranfahrenden Schiffes so groß werden, daß ein Ueberholen in voller Fahrt zur Unmöglichkeit wird.

Aus beiden Ursachen ergibt sich im allgemeinen eine erhebliche Vergrößerung des Zugwiderstandes des zweiten Schiffes und ebenso eine Verringerung des Zugwiderstandes des ersten Schiffes. Für den ganzen Schleppzug überwiegt, wie die Versuche ergeben haben, bei enger Kupplung der Gewinn an Zugkraft, bei größerem Abstande zuweilen der Verlust an Zugkraft. In

Fig. 20a und b, S. 16, sind Schaubilder des möglichen Zusammenwirkens dieser beiden Ursachen gegeben (ohne Maßstab). Der positive (nutzbare) Einfluß des Ansaugens nimmt wahrscheinlich mit größerem Abstande sehr schnell ab, während der negative (schädliche) Einfluß des Gefälles sich noch bei größerem Abstande bemerkbar macht. Verständlich wird durch die Schaubilder gemacht, daß ein Schwanken der Ergebnisse des Versuches sogar nach der positiven und negativen Seite hin, zu den Möglichkeiten gehört und durchaus der Ueberlegung entspricht.

Ausführung und Ergebnisse der Versuche über den Einfluß des Abstandes im Schleppzuge.

Die Versuche wurden in einem Modellprofile ausgeführt, welches dem ursprünglich für den Rhein-Weser-Kanal vorgesehenen Kanalquerschnitt entsprach. Bei den Versuchen wurden außer den beiden Uebigauer Modellen 161 und 162,

Zahlentafel III.

Modell Nr.	Wasserquerschnitt		Zugwiderstand für 1 t Ladung bei Geschwindigkeit von					Abstand der Kähne
	Größe	Tiefe	4,0 km/st	4,5 km/st	5,0 km/st	5,5 km/st	6,0 km/st	
	qm	m	kg	kg	kg	kg	kg	m
Tauchtiefe 1,50 m								
161 u. 162	61,5	2,50	0,72	0,88	1,07	1,31	1,65	0
»	»	»	0,72	0,90	1,11	1,38	1,72	5
»	»	»	0,75	0,95	1,17	1,44	1,75	25
»	»	»	0,78	0,97	1,22	1,52	1,89	50
»	»	»	0,74	0,94	1,19	1,49	1,85	∞
Tauchtiefe 1,75 m								
161 u. 162	61,5	2,50	0,72	0,88	1,11	1,39	1,81	0
»	»	»	0,78	0,99	1,22	1,48	1,88	5
»	»	»	0,79	1,01	1,26	1,53	1,91	25
»	»	»	0,80	0,99	1,24	1,55	2,00	50
»	»	»	0,74	0,95	1,24	1,61	2,14	∞
Tauchtiefe 2,00 m								
161 u. 162	61,5	2,50	0,78	0,98	1,31	1,76	2,29	0
»	»	»	0,82	1,07	1,40	1,86	2,40	5
»	»	»	0,84	1,09	1,45	1,93	2,54	25
»	»	»	0,89	1,17	1,52	1,93	2,48	50
»	»	»	0,85	1,12	1,50	2,09	2,89	∞
Tauchtiefe 1,50 m								
163 u. 164	61,5	2,50	0,59	0,76	0,99	1,24	1,57	0
»	»	»	0,63	0,80	1,01	1,26	1,59	5
»	»	»	0,64	0,81	1,01	1,24	1,55	25
»	»	»	0,61	0,80	1,02	1,26	1,57	50
»	»	»	0,70	0,88	1,10	1,36	1,68	∞
Tauchtiefe 1,75 m								
163 u. 164	61,5	2,50	0,65	0,84	1,08	1,38	1,92	0
»	»	»	0,68	0,87	1,09	1,38	1,79	5
»	»	»	0,72	0,94	1,21	1,52	1,97	25
»	»	»	0,67	0,88	1,14	1,46	1,93	50
»	»	»	0,76	0,97	1,22	1,55	1,99	∞
Tauchtiefe 2,00 m								
163 u. 164	61,5	2,50	0,73	0,95	1,28	1 73	2,41	0
»	»	»	0,78	1,04	1,36	1,75	2,35	5
»	»	»	0,83	1,12	1,48	1,94	2,59	25
»	»	»	0,77	1,06	1,42	1,90	2,63	50
»	»	»	0,90	1,16	1,49	1,95	2,63	∞

Zahlentafel IV.

Modell Nr.	Wasserquerschnitt		Zugwiderstand in vH des Widerstandes bei unendlichem Abstand für 1 t Ladung bei einer Geschwindigkeit von					Abstand der Kähne
	Größe qm	Tiefe m	4,0 km/st vH	4,5 km/st vH	5,0 km/st vH	5,5 km/st vH	6,0 km/st vH	m
Tauchtiefe 1,50 m								
161 u. 162	61,5	2,50	97	94	90	88	89	0
»	»	»	97	96	93	93	93	5
»	»	»	101	101	98	97	95	25
»	»	»	105	103	102	102	102	50
»	»	»	100	100	100	100	100	∞
Tauchtiefe 1,75 m								
161 u. 162	61,5	2,50	97	93	90	86	85	0
»	»	»	105	104	98	92	88	5
»	»	»	107	106	102	95	89	25
»	»	»	108	104	100	96	93	50
»	»	»	100	100	100	100	100	∞
Tauchtiefe 2,00 m								
161 u. 162	61,5	2,50	92	88	87	84	79	0
»	»	»	96	96	93	89	83	5
»	»	»	99	97	97	92	88	25
»	»	»	105	104	101	92	86	50
»	»	»	100	100	100	100	100	∞
Tauchtiefe 1,50 m								
163 u 164	61,5	2,50	84	86	90	92	94	0
»	»	»	90	91	92	93	95	5
»	»	»	91	92	92	92	92	25
»	»	»	87	91	93	93	94	50
»	»	»	100	100	100	100	100	∞
Tauchtiefe 1,75 m								
163 u. 164	61,5	2,50	86	87	89	89	91	0
»	»	»	90	90	89	89	90	5
»	»	»	95	97	99	98	99	25
»	»	»	88	91	93	94	97	50
»	»	»	100	100	100	100	100	∞
Tauchtiefe 2,00 m								
163 u. 164	61,5	2,50	81	82	86	89	92	0
»	»	»	87	90	91	90	89	5
»	»	»	92	97	99	100	99	25
»	»	»	81	91	95	98	100	50
»	»	»	100	100	100	100	100	∞

Fig. 10 und 11, die beiden besten der Wirklichkeit entnommenen Kanalkahnmodelle 163 und 164, Fig. 12 und 13, je zu einem Schleppzuge vereinigt. Von der Untersuchung weniger zweckmäßiger Schiffsformen wurde abgesehen, da zu erwarten ist, daß in Zukunft solche Formen immer mehr verschwinden werden. Die beiden Kähne wurden jedesmal in Abständen von 0, 5, 25 und 50 m (im Modell $\frac{1}{9}$ dieser Entfernungen) geschleppt und ihr Gesamtwiderstand gemessen. Außerdem gibt die Summe der Einzelwiderstände beider Kähne den Gesamtwiderstand für unendlich großen Abstand zum Vergleich mit den Widerständen bei kleineren Abständen und zur Schätzung der Aenderung des Widerstandes bei größeren Abständen, als bei den Versuchen untersucht sind.

In den vorstehenden Zahlentafeln III und IV sind die Widerstände für 1 t Ladung einmal nach ihrer wirklichen Größe und dann nach Prozenten der Summe der Einzelwiderstände der beiden Kähne für Geschwindigkeiten von

4,0, 4,5, 5,0, 5,5 und 6,0 km/st (die entsprechende Modellgeschwindigkeit betrug $\frac{1}{V9}$: 4,0 usw.) bei den Abständen der Kähne von 0, 5, 25, 50 und ∞ m zusammengestellt.

Aus diesen Zahlentafeln ergibt sich, daß sich der Widerstand je nach der Form der Kähne bei verschiedenen Abständen in verschiedener Weise ändert und daher für die Praxis jedesmal besonders durch Versuche festgestellt werden müßte; im allgemeinen läßt sich ziemlich deutlich erkennen, daß der Gesamtwiderstand bei geringen Abständen mit dem Abstande der Kähne wächst. Zwischen 25 und 50 m Abstand scheint sich ein zweiter Höchstwert des Wider-

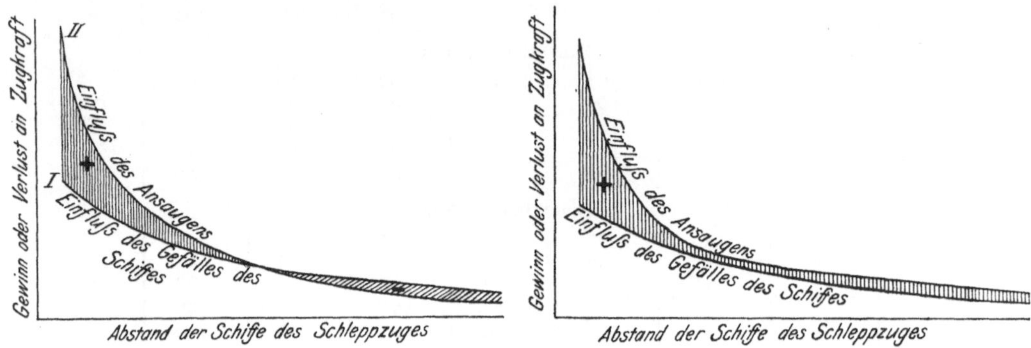

Fig. 20a und b. Vergrößerung oder Verringerung des gesamten Schleppwiderstandes beim Zusammenkuppeln zweier Schiffe.

standes zu befinden, hervorgerufen durch die verschiedenartigen Ursachen der Aenderung des Widerstandes bei verschiedenen Schiffsabständen. In diesem Bereiche des Abstandes ist der Gesamtwiderstand des Schleppzuges in einzelnen Fällen sogar größer als die Summe der Einzelwiderstände der allein geschleppten Schiffe, d. h. die ungünstigen Einflüsse auf Vermehrung des Widerstandes überwiegen (vergl. hierzu die Fig. 20a) Bei größeren Abständen (über 25 m) ist aber die Aenderung des Widerstandes nur unbedeutend. Um einen einfachen zahlenmäßigen Anhalt zu haben, ist nachstehend das Mittel aus den Tauchungen zwischen 1,50 m und 2,0 m und den Geschwindigkeiten zwischen 4 und 6 km/st angegeben für die schlank gebauten Modellkähne Nr. 163 und 164. Der Widerstand beträgt in vH der Summe der Einzelwiderstände für

Abstand . m	0	5	25	50	∞
Nr. 161 und 162	89	94	98	101	100
» 163 » 164	88	90	96	93	100
im Mittel . .	99	92	97	97	100

Für Tauchtiefen von 1,75 und 5 km/st Geschwindigkeit betragen die Widerstände

Abstand . m	0	5	25	50	∞
Nr. 161 und 162	90	98	102	100	100
» 163 » 164	89	89	99	93	100
im Mittel . .	90	94	100	97	100

Schlußfolgerungen aus den Versuchen über den Abstand der Schiffe im Schleppzuge.

Die auf dem Dortmund-Ems-Kanal übliche Entfernung der Schleppkähne scheint nach diesen Zahlen für die hauptsächlich in Betracht kommenden Tauchtiefen und Fahrtgeschwindigkeiten außerhalb des zweiten Höchstwertes der Zugkraft zu liegen. Ein ganz kurzer Abstand der Kähne wird hier wegen der Gefahr des Aufrennens vermieden. Bei 50 m Entfernung der Schleppschiffe ändert eine Verringerung oder Vergrößerung der Trossenlänge den Widerstand sehr wenig. In gleicher Weise haben auch die auf dem Dortmund-Ems-Kanal im Jahre 1898 mit zwei Kähnen Nr. 165 in wirklicher Größe ausgeführten Versuche ergeben, daß bei größeren Abständen als 40 m ein Unterschied in den Zugwiderständen praktisch nicht mehr festzustellen war.

Für kleine Abstände ergibt sich aus den Versuchen eine nicht unwesentliche Ersparnis an Schleppleistung, und zwar beim dichten Aneinanderkuppeln zweier Schleppkähne normaler Bauart in dem ursprünglich vorgesehenen Profil des Rhein-Weser-Kanals von rd. 10 vH. Mit wachsendem Abstande wird die erzielte Ersparnis kleiner und ist schon bei 20 m Entfernung praktisch ohne größere Bedeutung.

III. Einfluß des Begegnens der Fahrzeuge im Kanalprofil auf den Betrieb.

Die am Schlusse des Jahres 1908 ausgeführten Begegnungsversuche sollen hier vorweg genommen werden, da sie, wie bereits oben angeführt, im Grunde den gleichen Zweck verfolgten, den die bisher besprochenen Versuche hatten, nämlich den Einfluß ermitteln sollten, welchen die Begegnungen voraussichtlich durch etwaige Verzögerung auf den gesamten Betrieb ausüben würden. Die zeitliche Verschiebung dieser Versuche geschah aus praktischen Gründen, da sie sich bei der gewählten Anordnung zweckmäßiger in die Versuchsreihen des nächsten Jahres einschieben ließen. Genaue Widerstandsmessungen sind bei den Begegnungen nicht ausgeführt worden. Ihre Ausführung an zwei gleichzeitig in Fahrt befindlichen, sich begegnenden Schiffen war mit Schwierigkeit verbunden und erschien schon deshalb unnötig, weil nach den theoretischen Ueberlegungen bei den Begegnungen eher eine Widerstandsverminderung als eine Vermehrung zu erwarten und eine solche (wegen der Kürze der Zeit des Begegnens) für den Betrieb ohne wesentliche Bedeutung war. Es kam daher beim Versuche in erster Linie darauf an, zu zeigen, daß auch aus praktischen Gründen eine Verringerung der Fahrtgeschwindigkeiten beim Begegnen nicht notwendig ist.

Theoretische Klarlegung der Vorgänge beim Begegnen.

Schon eine größere Strecke vor dem eigentlichen Ort der Begegnung müssen die Schiffe einander ausweichen und daher in beiden Fahrtrichtungen die Kanalmitte verlassen und die rechte Kanalseite halten. Dies hat für sie unmittelbar einige Nachteile im Gefolge. Abgesehen davon, daß die Schiffe hier geringere Fahrtiefe vorfinden, welche außerdem unter gewöhnlichen Verhältnissen noch durch Auflandungen verschlechtert ist, und daher eine Vergrößerung des Widerstandes erfahren, werden sie erfahrungsgemäß besonders bei größerer Fahrtgeschwindigkeit durch den Rückstrom leicht an das Ufer getrieben. Auf die Strömungsverhältnisse, welche dies Abtreiben verursachen, soll hier nicht eingegangen werden, da sie nicht einfach sind und der Abtrieb außerdem in den meisten Fällen so gering ist, daß sich ein Auflaufen mit einiger Aufmerksamkeit vermeiden läßt.

Die durch die geringe Fahrtiefe bei der seitlichen Fahrt bedingte Widerstandsvergrößerung wird schon frühzeitig durch einen anderen Umstand wieder ausgeglichen. Die Fahrzeuge gelangen vor der Begegnung in die Wasserspiegelerhöhung, welche dem anderen Schiff in größerer Entfernung voraneilt, und erhöhen selbst wieder durch die Welle ihres eigenen Vorstromes den Wasserspiegel für das begegnende Schiff. Wenn man bedenkt, welchen Einfluß die geringen Wasserspiegelabsenkungen seitlich des fahrenden Schiffes auf den Widerstand haben (vergl. die oben angeführten Veröffentlichungen und sowie die Versuche von Haack[1])), so erscheint der zuletzt angeführte Einfluß nicht so ganz unwesentlich.

Von noch größerer Bedeutung sind aber die Umstände, welche einen glatten gefahrlosen Verlauf der Begegnung begünstigen. Vermindert schon die oben erwähnte Neigung der seitlich fahrenden Schiffe zum Abtreiben gegen das Ufer die Gefahr des Zusammenstoßens der beiden begegnenden Schiffe, so

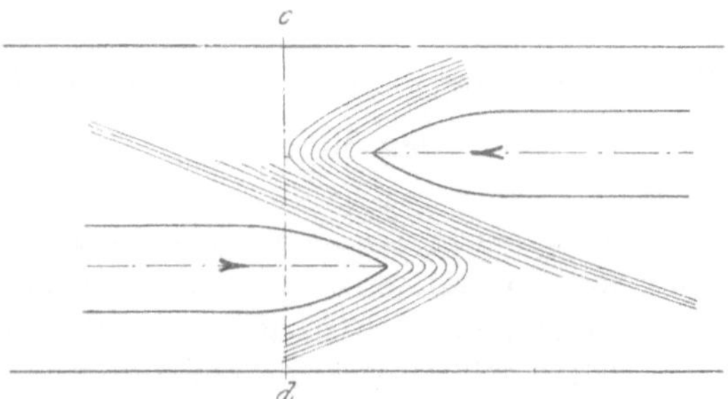

Fig. 21a. Begegnen zweier Fahrzeuge, Beginn.

Fig. 21b. Querschnitt c-d.

wird dieses günstige Moment noch erhöht durch das Zusammentreffen der beiden Bugwellen in dem Augenblicke, in dem sich die beiden Vordersteven in gleicher Höhe befinden. Dadurch wird der Wasserstand für einen kurzen Zeitraum zwischen den Schiffen erhöht. Die Vordersteven befinden sich, wie Fig. 21a und b zeigen, auf den beiderseitigen Abhängen eines Wellenberges im Querschnitt, auf dem sie auseinander abzugleiten trachten. Die beiden Vordersteven stoßen sich scheinbar ab, und zwar gerade beim Zusammentreffen, wo die Gefahr des Zusammenstoßens am nächsten liegen würde.

Für die weitere Verfolgung der Vorgänge beim Begegnen und die sich daraus ergebenden Fahrtwiderstände müssen wir uns die einzelnen Teilwiderstände ins Gedächtnis zurückrufen, aus denen sich der Gesamtwiderstand des Schiffes im Kanal zusammensetzt, und die in den oben angeführten Veröffentlichungen genauer behandelt sind.

Eine große Rolle spielen dabei die Widerstände, welche durch das rückströmende Wasser verursacht werden und die zum Teil unmittelbar in der Form

---

[1]) R. Haack, Schiffswiderstand und Schiffsbetrieb. Berlin 1900.

einer Vermehrung der Oberflächenreibung an den Schiffswandungen angreifend gedacht werden können, zum Teil mittelbar durch das sich beim Rückstrom ausbildende Gefälle auf den Hauptspant wirken. Die durch den Rückstrom bedingte Wasserspiegelabsenkung neben dem fahrenden Schiffe verstärkt außerdem diese beiden Widerstände.

Bekanntlich entsteht der Rückstrom dadurch, daß sich der Hauptspant des Schiffes f und die Wasserspiegelabsenkung $\varDelta F = B \varDelta h$ seitlich des Schiffes mit Schiffsgeschwindigkeit im Kanal vorwärts bewegen und das dadurch verdrängte Wasser vor sich aufstauen und schließlich zwingen, seinen Weg (bei Eintritt des Beharrungszustandes) in dem übrig

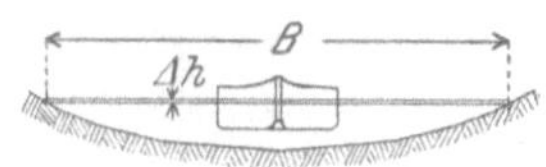

Fig. 22.

bleibenden Querschnitt neben dem Schiffe nach rückwärts zu suchen, Fig. 22.

Betrachten wir nun die beiden Schiffe in der (entgegengesetzt gerichteten) Fahrt gerade nebeneinander, so finden wir, daß sich bei gleicher Größe und gleichen Geschwindigkeiten die oben betrachteten Wirkungen beider Schiffe etwa aufheben müssen. Das von dem einen Schiff verdrängte Wasser findet seinen Platz in dem von dem begegnenden Schiffe freigelassenen Raume, und es ist daher kein Grund für einen Rückstrom über den ganzen freien Querschnitt mehr vorhanden. (An die Stelle des durch den Rückstrom zurück geförderten Wassers tritt eben das mit größerer Geschwindigkeit bewegte begegnende Schiff.) Auch die von dem Rückstrom abhängige (und ihn gegenseitig wieder beeinflussende) Wasserspiegelabsenkung neben dem Schiffe muß im wesentlichen verschwinden.

Aus diesen Ueberlegungen geht hervor, daß der Fahrtwiderstand in dem dargestellten Zeitpunkte der Begegnung nicht größer sein kann als unter normalen Verhältnissen, sondern voraussichtlich erheblich kleiner sein wird, da der eine Teilwiderstand (der des Gefälles) gänzlich verschwindet und sich vielleicht auch noch der Teilwiderstand der Oberflächenreibung etwas ermäßigt. Der Gesamtwiderstand der einzelnen Schiffe muß also in der ersten Hälfte der Begegnung nicht unerheblich abnehmen, bis sich beide Schiffe decken.

Von diesem Zeitpunkt an wird der Gesamtwiderstand wieder zunehmen müssen und wird schließlich, wenn sich die Schiffe wieder voneinander entfernen, die normale Höhe des Widerstandes der allein fahrenden Schiffe sogar etwas übersteigen, da sich die in dem Falle zusammenfallenden Wasserspiegelabsenkungen hinter den beiden fahrenden Schiffen (des Nachstromes) verstärken (in ähnlicher Weise, wie es oben für die Wasserspiegelerhöhung vor der Begegnung ausgeführt ist).

Wichtig sind für die zweite Hälfte der Begegnung noch besonders die Augenblicke, in denen sich der Vordersteven mit dem Achtersteven des begegnenden Schiffes gerade deckt, und weiter in denen die beiden Achtersteven sich nebeneinander befinden, wichtig deshalb, weil sie die Fahrtrichtung der Schiffe beeinflussen.

In dem ersten Falle treffen die Wasserspiegelerhöhungen an den Vordersteven mit den Wasserspiegelabsenkungen an den Hinterstevon beider Schiffe unmittelbar zusammen. Die Folge davon ist, wie die Fig. 23a bis c zeigen, ein Schrägstellen des Wasserspiegels (an den beiden Schiffsenden entgegengesetzt, vorn nach links zur Fahrtrichtung, hinten nach rechts abfallend) und ein Abdrängen der Vordersteven vom Ufer nach der Kanalmitte hin. Da der Vorgang sich gleichzeitig an beiden Schiffen abspielt und daher beide Schiffe in gleicher Weise schräg gestellt werden, so ist damit noch keine Gefahr des Zusammenstoßens verbunden; die Neigung der Schiffe zum selbsttätigen Einschwenken nach der Kanalmitte kann vielmehr eher erwünscht sein.

Anders ist es aber in dem Falle, wenn die beiden Achtersteven sich nebeneinander befinden. Dann treffen die Wasserspiegelabsenkungen hinter jedem der beiden Schiffe zusammen; die Schiffe fahren also in dem Augenblick auf den beiderseitigen Abhängen eines Wellentales und werden das Bestreben haben,

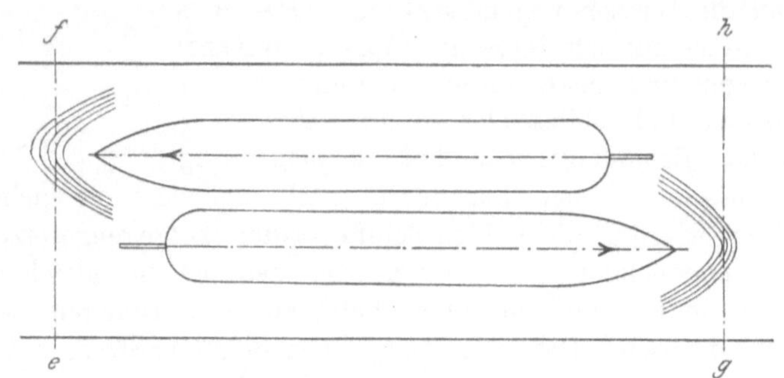

Fig. 23 a. Begegnung zweier Fahrzeuge, Mitte.

Fig. 23 b. Querschnitt *e-f*.   Fig. 23 c. Querschnitt *g-h*.

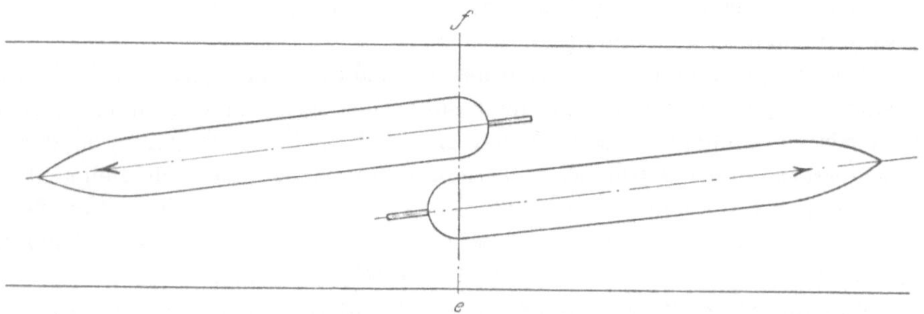

Fig. 24 a. Begegnung zweier Fahrzeuge, Ende.

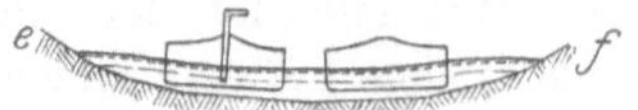

Fig. 24 b. Querschnitt *e-f*.

zusammenzutreiben, Fig. 24a und b. Die Gefahr des Zusammenstoßens kann unter Umständen dadurch noch im letzten Augenblicke der Begegnung geschaffen werden. Im übrigen ist, wenn nur das Zusammenschlagen der Schiffe selbst vermieden wird, das Herumholen des Achterstevens und das damit eingeleitete selbsttätige Einschwenken in die alte, vor der Begegnung eingehaltene Fahrtrichtung günstig für die Steuerung der Schiffe.

Ausführung der Begegnungsversuche.

Die Versuche selbst sind mit den im Jahre 1908 benutzten selbstfahrenden Kanalkähnen ausgeführt worden. Die Kähne des Modellschleppzuges wurden losgekuppelt, und jeder Kahn wurde mit Rudereinrichtung und besonderer Stromzuführung versehen, so daß sie sich völlig frei bewegen konnten. Jeder Modellkahn erhielt sodann seinen eigenen Steuermann. Die ganze Anordnung ist auf dem Lichtbilde Fig. 25, Tafel I, zu erkennen. Die beiden Steuerleute hatten sich in kurzer Zeit die nötige Sicherheit in der Führung ihrer Fahrzeuge im Kanalprofil angeeignet. Bei den Begegnungsversuchen waren schon aus dem Grunde naturgemäß genaue Messungen ausgeschlossen, weil es sich hier nicht um Beharrungszustände handelte, sondern um Bewegungsänderungen, die hauptsächlich von der größeren oder geringeren Geschicklichkeit der Steuerleute abhängen, und weil diese Geschicklichkeit schwer der zahlenmäßigen Feststellung zugänglich ist. Auch die photographische Feststellung der Bewegung in einzelnen Augenblicken war nicht möglich, weil im Versuchsraum die Beleuchtung nicht hell genug war. Es sind daher nur die persönlichen Eindrücke und Beobachtungen der Versuchsteilnehmer im Nachstehenden als Ergebnisse der Versuche aufgeführt worden; sie stimmen mit den vorangeschickten theoretischen Ueberlegungen im allgemeinen recht gut überein.

Die Fahrtgeschwindigkeiten wurden von 0,44 m/sk (= 5 km/st der natürlichen Größe) bis auf 0,66 m (= 7,5 km) gesteigert. Die Modelle liefen beim Vorwärtsfahren und bei kleinen Geschwindigkeiten ruhig; wenn sie aus der Richtung wichen, geschah es langsam, und sie konnten stets wieder durch Rudergeben allmählich in die gewollte Richtung zurückgebracht werden. Bei größeren Geschwindigkeiten wurden die Bewegungen der Modelle unruhig, das Vorschiff wich bald nach rechts und bald nach links aus, konnte aber auch, da die Ruderwirkung kräftiger wurde, wieder in die richtige Lage gebracht werden; nur war eine größere Aufmerksamkeit nötig. Das Modell mit der Schraube abzustoppen, ohne auf die Böschung zu laufen, war sehr schwierig, Rückwärtsfahren nicht möglich, ohne auf die rechtsseitige Böschung aufzulaufen.

Bei den Begegnungsversuchen folgten die Modelle auch bei den höheren Geschwindigkeiten dem Ruder. Daß die aneinander vorbeifahrenden Kähne durch die Wasserabsenkung neben dem Schiff gegeneinander gedrückt wurden, konnte nicht beobachtet werden. Erst wenn das Vorschiff des einen Kahns über das Heck des anderen vorrückte, drehte sich das Vorschiff nach der Kanalmitte, und da der andere Kahn die gleiche Bewegung machte, so lagen die beiden Kähne zwar parallel zueinander, aber schräg zur Kanalachse in spitzem Winkel nach links gedreht, bis die Hinterschiffe aneinander vorbei waren. Wurde nun das bisher mittschiffs gehaltene Ruder nach Steuerbord gelegt, so nahm der Kahn bald die gewollte Fahrtrichtung in der Mitte des Kanals wieder an; ließ man dagegen das Ruder mittschiffs, so schwenkte das Hinterschiff nach der Kanalmitte ein, und der Kahn, welcher die Richtung auf das linke Ufer hatte, schwenkte in flachem Bogen nach dem rechten Ufer hinüber, ohne das linke zu berühren. Legte man aber, um die Drehung des Vorschiffs nach links zu verhindern, noch während des Vorbeifahrens das Ruder nach Steuerbord, so schlugen fast regelmäßig die Hinterschiffe zusammen, weil durch das Ruderlegen weniger ein Drehen des Vorschiffes nach rechts, als ein Abdrängen des Hinterschiffs nach links bewirkt wird. Im übrigen sind die Gründe für das beobachtete Verhalten der Schiffe beim Begegnen in den obenstehenden theoretischen Darlegungen angegeben.

Da die Versuche in einem Profil gemacht wurden, in dem keine nennenswerten Seitenablagerungen stattgefunden hatten, so sind die Beobachtungen auch strenge genommen nur für ein solches gültig, und es ist die Möglichkeit nicht ausgeschlossen, daß in einem anderen Profil, in welchem sich durch den Betrieb schon starke Seitenablagerungen gebildet haben, die Begegnungen nicht ganz so glatt verlaufen.

Schlußfolgerungen aus den Begegnungsversuchen.

Immerhin läßt die gute Uebereinstimmung der wirklichen Beobachtungen an den Modellen mit den nach den vorangeschickten Darlegungen zu erwartenden Vorgängen die Verhältnisse beim Begegnen als günstig erscheinen und läßt unbedenklich den Schluß zu, daß Begegnungen im Profil des Rhein-Weser-Kanals ohne Verminderung der Geschwindigkeit und ohne (absichtliche) Herabsetzung der Maschinenkraft des Dampfers geschehen können, solange das Profil die ursprünglichen Formen hat, die Steuerleute genügend aufmerksam sind und ein Vollschlagen durch Wellenbildung nicht zu befürchten ist. Auch größere seitliche Auflandungen im Profil werden voraussichtlich eher dadurch nachteilig wirken, daß die Schiffe vor und nach der Begegnung in Gefahr kommen, den Boden zu berühren, als daß dadurch Zusammenstösse verursacht werden sollten.

IV. Versuche (des Jahres 1908) über die Einwirkung des Dampferbetriebes auf das Kanalprofil.

Die Versuche des Jahres 1908 dienten im übrigen dazu, gegenüber den Einwirkungen des Dampferbetriebes ein in seiner Form günstiges und in seiner Befestigung haltbares Kanalprofil zu ermitteln. Die Einwirkung des Betriebes ist nach der Bodenart naturgemäß sehr verschieden. Zunächst ist die in der Norddeutschen Tiefebene am meisten vorkommende Bodenart, der feine Diluvialsand, untersucht, da für diesen auch im Modell annähernd gleiche Verhältnisse geschaffen werden konnten. Bindiger Boden verhält sich bei sonst gleicher Zusammensetzung im gewachsenen und im verarbeiteten Zustande so sehr verschieden gegen den Angriff bewegten Wassers, daß Modellversuche wohl keine Ergebnisse liefern würden, die sich mit einiger Sicherheit in die Wirklichkeit übertragen ließen. Schon der Sandboden machte unvorhergesehene Schwierigkeiten, die zu überwinden oder doch zu berücksichtigen waren.

Vorversuche im Maßstabe 1 : 30 in der kleinen Rinne.

Um die Modellversuche mit der Wirklichkeit in Beziehung setzen zu können, wurde zunächst eine Strecke des Dortmund-Ems-Kanals nachgebildet, bei der die Einwirkung des Betriebes nach einer bestimmten Zeit festgestellt worden war. Es ist dies die Strecke bei km 160 des Kanals zwischen den Schleusen Teglingen und Varloh, die in feinem Diluvialsand eingeschnitten ist und deren Profile beim Trockenlegen des Kanals im Januar 1905 genau aufnivelliert waren. Das in Fig. 26a dargestellte typische Profil zeigt in der Mitte eine Vertiefung von rd. 0,5 m und Ablagerungen an den Seiten. Der Querschnitt der Austiefung beträgt 3,2 qm, der der Ablagerungen 1,0 + 3,3 = 4,3 qm, und das Wasserprofil ist um 4,3 − 3,2 = 1,1 qm kleiner geworden. Diese Erscheinung stimmt mit den Beobachtungen vom Jahre 1898 an der Versuchsstrecke bei Lingen überein, es war dort der Wasserquerschnitt beim gleichen Versuchswasserstande

am 15. Mai . . . . 60,10 qm,
am 6. bis 14. Juni . . . . 59,50 qm,
am 26. bis 28. August . . . . 59,05 qm.

Die Profilverkleinerung rührt daher, daß der gewachsene Boden unter dem Angriff des Schraubenwassers gelockert wird und sich an den Seiten mit geringerer Dichte ablagert. Daß zugleich eine Aufbereitung nach Korngröße stattfindet und die Auflockerung sich auch unter die ausgetiefte Sohle erstreckt, wurde aus den Modellversuchen festgestellt. Das in Fig. 26b dargestellte Profil vom April 1908 kann für die Modellversuche nicht ohne weiteres verwendet werden, da inzwischen die Seitenablagerungen zum größten Teil weggebaggert waren, es läßt sich aber die weitere Ausspülung der Sohle in der Mitte deutlich erkennen.

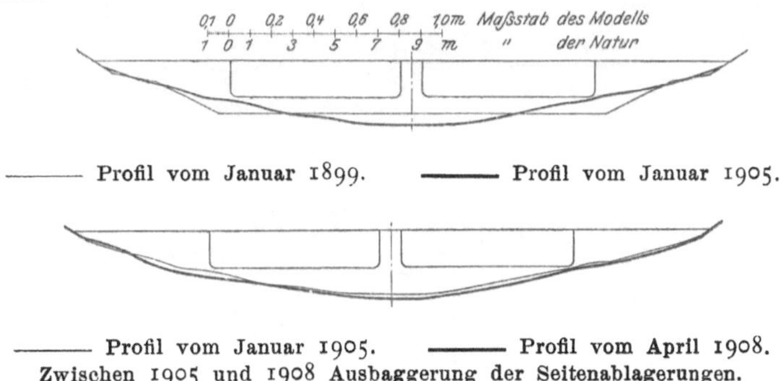

——— Profil vom Januar 1899.　　——— Profil vom Januar 1905.

——— Profil vom Januar 1905.　　——— Profil vom April 1908.
Zwischen 1905 und 1908 Ausbaggerung der Seitenablagerungen.

Fig. 26a und b.　Profile des Dortmund-Ems-Kanals bei km 160,0.

Die Hauptversuche sind in der großen Rinne der Anstalt im größtmöglichen Maßstabe (1:10) ausgeführt worden; um dafür die nötigen Unterlagen zu schaffen, wurden zunächst in der kleinen Rinne der Anstalt Modellversuche im Maßstabe 1:30 angestellt.

Auf dem Dortmund-Ems-Kanal dürfen 2 normale Schleppkähne mit 1,75 m Tauchung in 50 m Abstand von einem Schleppdampfer mit 5 km/st größter Geschwindigkeit gezogen werden, wobei die Unterkante der Schraube nicht tiefer als 1,75 m liegen soll.

Bei der geringen Länge der kleinen Rinne war es nicht möglich, einen Schleppzug, bestehend aus einem Dampfer und 2 Kähnen, in 50 m Abstand im Modell einzubauen, es wurde daher nur ein Schleppkahn nach Art der bisher benutzten im Maßstabe 1:30 mit elektrischem Schraubenantrieb ausgeführt, siehe Fig. 27.

Fig. 27.　Anordnung der Bewegungseinrichtungen des Modellschleppkahns (1:30 der Natur).

In erster Linie galt es, die Profiländerung während der Zeit von 1899 bis 1905 nachzubilden. Das Kanalmodell dazu bestand zunächst aus zweierlei Sandsorten: für 0 bis 9 m Länge aus Sand Nr. 3 und für 9 bis 19 m Länge aus Sand Nr. 2, deren Zusammensetzung nachstehend angegeben und außerdem in den Fig. 28a und b dargestellt ist.

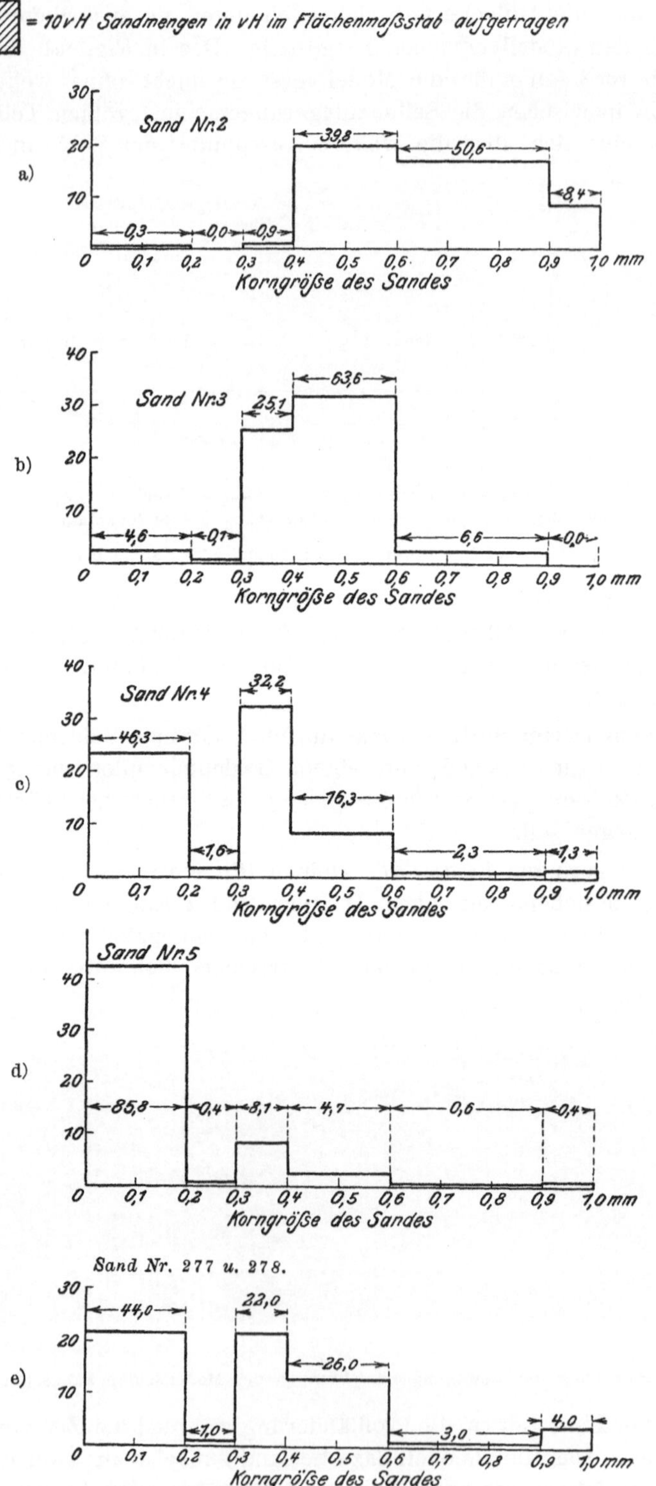

Fig. 28. Verwendete Sandsorten.

Die Flächengrößen geben die Sandmengen für die einzelnen Korngrößen in vH an.

Siebrückstand in vH auf Maschen-
weite von rd. 0,9   0,6   0,4   0,3   0,2 mm
Sand Nr. 2 . . . . = 8,4   50,6   39,8   0,9   0   0,3
Sand Nr. 3 . . . . = 0   6,6   63,6   25,1   0,1   4,6.

Der Modellkahn lief bei einem Tiefgang von 0,058 m (entsprechend 1,75 m in der Natur) mit einer Geschwindigkeit von 0,312 m/sk (entsprechend $0,312 \cdot 3600 \cdot \sqrt{30} = 6,2$ km/st in der Natur). Diese Geschwindigkeit wurde gewählt, um etwa denselben Angriff zu bekommen, den die Schraube des sonst zwei Kähne ziehenden Schleppdampfers auf die Kanalsohle ausübte. Der Kahn lief ausschließlich in der Kanalachse. Nach 1012 Fahrten zeigte sich in der Mitte des Profils ein Graben von 1 cm Tiefe und 11 ccm Breite und der Auswurf beiderseits dicht daneben als Damm von 0,8 cm Höhe und 8 cm Breite abgelagert, das übrige Profil war unverändert geblieben.

Augenscheinlich war der gewählte Sand zu grob. Er lagerte sich sofort ab und wurde von der Schraubenströmung nicht genügend weit zur Seite geführt. Deshalb wurde er beim 2. Versuch durch ganz erheblich feineren Sand Nr. 4 ersetzt, der aus der Ausschachtung des Großschiffahrtsweges bei Haselhorst stammte. Seine Zusammensetzung war (siehe Fig. 28 c):

Siebrückstand auf Maschenweite . 0,9   0,6   0,4   0,3   0,2 mm
von Nr. 4 in vH . . . . = 1,3   2,3   16,3   32,2   1,6   46,3.

Die Geschwindigkeit des Modellkahns wurde auf 0,253 m/sk (5,0 km/st) herabgesetzt. Die eingeklammerten Zahlen sind hier, wie stets im Folgenden, die der Wirklichkeit entsprechenden Werte, die hier für die Abmessungen das 30fache, für die Geschwindigkeiten das $\sqrt{30}$fache der Modellgrößen sind. Nach 876 Fahrten in der Kanalachse war in der Sohle ein Graben von etwa 7,5 cm Breite (2,25 m) und 1,1 cm (33 cm) Tiefe ausgespült, und an beiden Seiten waren Dämme von 0,6 cm (18 cm) Höhe und 15 cm (4,5 m) Breite entstanden, die nach dem Graben zu steil und nach außen mit flacher Böschung abfielen. Da in Wirklichkeit die Fahrzeuge nicht so genau die Mitte halten und bei Begegnungen bis zu 5 m seitlich fahren, so wurden mit dem Modell Fahrten im Abstande von 0,067 m (2 m) und 0,133 m (4 m) aus der Mitte gemacht. Obwohl gleichzeitig auch die Geschwindigkeit bis auf 0,278 m/sk (5,5 km/st) erhöht wurde, zeigten die Ergebnisse doch keine befriedigende Uebereinstimmung mit der Wirklichkeit. Insbesondere blieb bei allen Versuchen neben den von der Schraube seitlich aufgeworfenen Sandwällen ein fast wagerechtes Bankett bestehen, das in Wirklichkeit nicht vorhanden war, siehe Lichtbild Fig. 29, Taf. I. Eine Steigerung der Geschwindigkeit auf 0,285 m/sk (5,6 km/st) schien zwar das Ergebnis etwas zu verbessern, beim Aufmessen zeigte sich aber, daß die mehr muldenartige Form des Querschnitts auf starkes — in Wirklichkeit nicht beobachtetes — Abrutschen der Böschungen zurückzuführen war.

Nunmehr wurde der Modellkahn mit einer Vorrichtung versehen, die ihn innerhalb einer bestimmten Ausschlagbreite fortlaufend nach rechts und links verschob. Um nun seinen Widerstand auf den von 2 Kähnen im Schleppzuge zu bringen, wurde die Geschwindigkeit auf 0,312 m/sk (6,2 km/st) vergrößert.

Nach 1958 Fahrten war die Uebereinstimmung der Sohlenvertiefung mit der Wirklichkeit ziemlich gut, es waren aber wieder der großen Geschwindigkeit wegen die Böschungen abgerutscht. Der Widerstand des zweiten Kahns wurde nun durch ein Gewicht ersetzt, das der vorwärts fahrende Kahn heben mußte,

während es den rückwärts fahrenden mit ziehen half. Die Geschwindigkeit von
0,254 m/sk (5 km/st)wurde genau eingehalten.

Aber auch jetzt wollte sich der Sand nicht im muldenförmigen Querschnitt
ablagern, sondern bildete immer noch an den Seiten die schon oben erwähnten
Banketts. Als bei einer weiteren Versuchsreihe die Seitenverschiebung das
Ruder des Kahns (je nachdem) nach Steuerbord und Backbord mitnahm, wurde
zwar das Ergebnis etwas besser, die Bankettbildung blieb aber im vollen Um-
fange bestehen. Da sie dadurch bedingt ist, daß die von der Schraube
aufgewirbelten Sandkörner zu rasch zu Boden sinken, wenn sie aus dem Bereiche des Schraubenstromes gelangt sind, so war eine weitere Annäherung
an die Wirklichkeit nur bei noch feinerem Sande zu erwarten. Es wurde die
bisher verwendete Sandart mit ausgesiebten feinsten Teilen von weniger als
0,2 mm Durchmesser vermischt, so daß die Zusammensetzung folgende wurde,
siehe Fig. 28 d:

Maschenweite der Siebe . . .   0,9   0,6   0,4   0,3   0,2 mm
Sand Nr. 5, Siebrückstand in vH   0,4   0,6   4,7   8,1   0,4   85,8.

86 vH des Sandes hatten also weniger als 0,2 mm Korndurchmesser. Weiter
kann man mit Sieben kaum kommen, der Sand muß bei dieser kleinsten Maschenweite schon geröstet werden um das bei der geringsten Feuchtigkeit entstehende
Verstopfen des Siebes zu vermeiden, und die Arbeit ist außerordentlich zeit-
raubend.

Die Modellstrecke wurde nun durch 4772 Fahrten beansprucht und die
Profile nach der 2346. und 4772. Fahrt aufgemessen. Bei den ersten Fahrten
war die Geschwindigkeit in der Kanalachse mit 0,312 m/sk (6,2 km/st) zu hoch
geworden, und die Böschungen rutschten etwas ab, deshalb wurde das normale
Profil wieder hergestellt und einer Dauerbeanspruchung durch 14990 Fahrten
unterworfen, wobei die Profile nach der 2398., 8308. und 14990. Fahrt aufgemessen wurden. Die Geschwindigkeit des Modellkahns war in der Mitte 0,25 m/sk
(4,9 km/st) und nahm an den beiden Seiten bei 0,14 m (4,2 m) Abstand von der
Mitte bis auf 0,12 m/sk (2,4 km/st) ab, wobei der Kahn die aufgelandete Böschung streifte. Nach der 2398. Fahrt war die Austiefung der Größe nach richtig,
aber der Form nach noch abweichend, weil sich in der Mitte ein Rücken gebildet hatte und auch die Bankettbildung noch zu stark ausgeprägt war, siehe
Lichtbild Fig. 30, Taf. I. Weitere Fahrten vermehrten die Austiefung der Sohle und
entsprechend die Größe der Ablagerung, ohne ihre Form wesentlich der Natur
ähnlicher zu machen. Der Grund liegt darin, daß in Wirklichkeit der Betrieb
in etwas anderer Weise vor sich geht als beim Modellversuch. Außer beim
Begegnen sucht jeder Schleppzug die Mitte des Kanals zu halten, und wenn
auch die unabsichtlichen Abweichungen von der Kanalmitte sehr bedeutend sind,
so finden doch mehr Fahrten in der Mitte statt, die deshalb auch stärker angegriffen wird. Beim Modellversuch aber wird der Schleppzug nach jeder Fahrt
um ein bestimmtes Maß seitlich verschoben, und da die Geschwindigkeit an den
Seiten kleiner ist als in der Mitte, so findet dort der Angriff durch die Schraube
während längerer Zeit und wegen des größeren Fahrtwiderstandes in größerer
Stärke statt; hieraus erklärt sich die größere Austiefung an den Seiten und die
Rückenbildung in der Mitte leicht. Bei den späteren Versuchen im Maßstabe
1 : 10 wurde daher die Seitenverschiebung einstellbar gemacht und so geregelt,
daß die Mitte mehr befahren wurde. Die Rückenbildung hörte dabei nahezu auf.

Ferner verkehren in Wirklichkeit auf dem Kanal nicht nur Fahrzeuge mit
1,75 m, sondern auch solche geringerer Tauchung bis etwa 0,40 m herab, die unter

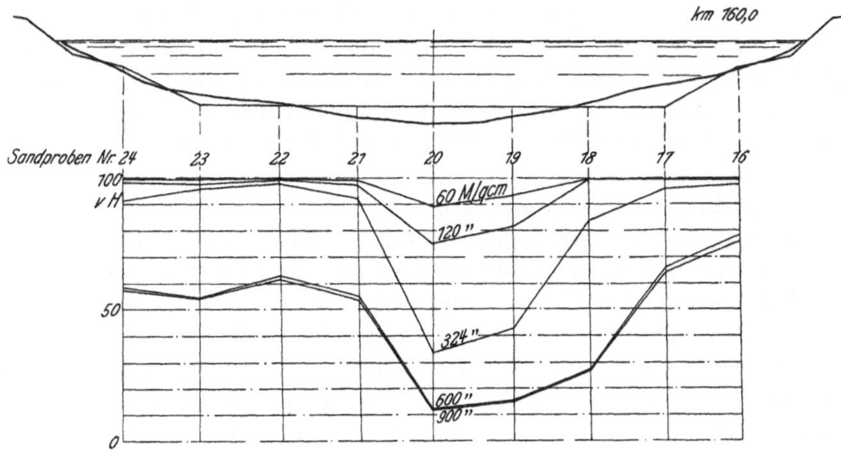

Fig. 31. Verteilung der Korngröße des Sandes auf Sohle und Böschung des Profils vom Dortmund-Ems-Kanal im Frühjahr 1908 (25. 3. 08). Maßstab 1 : 300.

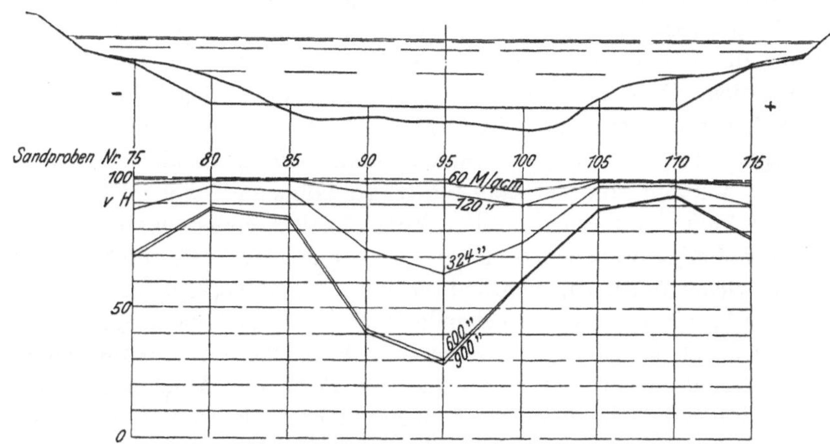

Fig. 32. Verteilung der Korngröße des Sandes auf Sohle und Böschung des Profils vom Dortmund-Ems-Kanalmodell nach 14990 Fahrten (1 : 30). 1ste 10 mm starke Schicht von oben. Maßstab 1 : 300 der Natur.

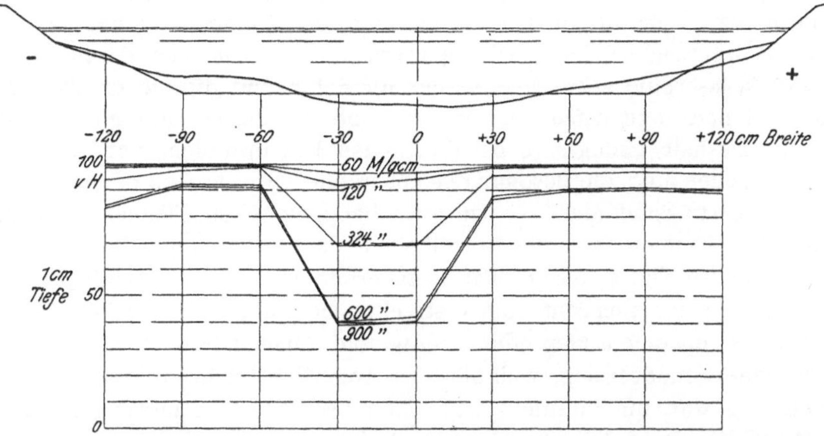

Fig. 33. Verteilung der Korngröße des Sandes auf Sohle und Böschung des Profils vom Dortmund-Ems-Kanalmodell (1 : 10) nach 2848 Fahrten. Maßstab 1 : 300 der Natur.

Umständen, namentlich bei Seitenwind, hart am Ufer fahren, den von der Schraube
seitlich geworfenen feinen Sand wieder aufrühren und zum Teil noch mehr nach
der Seite befördern. Diese Einwirkung des Betriebes ließ sich beim Modellversuch leider nicht nachbilden, weil die Paraffinmodelle der Haltbarkeit wegen
ziemlich dicke Wandungen haben sollten und deshalb und wegen der schweren
Motore und sonstigen Einrichtungen selbst im Maßstabe 1 : 10 ohne Ballast einen
Tiefgang von fast 0,15 m (1,5 m) hatten.

Endlich kommt noch ein anderer Umstand hinzu. Durch das Aufwühlen der
Sohle und durch den Schraubenstrom findet eine Aufbereitung des Sandes statt,
sodaß die Korngröße von der Kanalmitte nach den Ufern zu abnimmt. In der
Fig. 30, Taf. I, ist dies deutlich zu sehen. Aus den zeichnerischen Darstellungen
der Siebproben, die an entsprechenden Stellen des Modelles und der Wirklichkeit entnommen sind, siehe Fig. 31 und 33, scheint zwar eine sehr gute Uebereinstimmung von Modell und Wirklichkeit hervorzugehen, aber bei der mikro-
skopischen Untersuchung zeigte sich, daß beim Modell ganz feine Teilchen
toniger oder vegetabilischer Beschaffenheit fehlen, die in der Wirklichkeit dem
Sande an den Seiten in ziemlich großen Mengen beigemischt sind.

Bei einigen einfachen Versuchen stellte sich nun heraus, daß die feinsten
Sandteilchen des Modellkanals von 0,1 bis 0,05 mm in 8 bis 20 Sekunden durch
eine 10 cm dicke Wasserschicht fielen, während die feinen Tonteilchen dazu
ebensoviele Minuten gebrauchten und erst nach mehreren Stunden sich einiger-
maßen gelagert hatten. Da beim Modellversuch im Maßstab 1 : 30 längstens
nach etwa 3 Minuten und im Maßstab 1 : 10 längstens nach 7 Minuten eine
Vorbeifahrt erfolgte, während in der Wirklichkeit wenigstens in jeder Nacht
eine etwa 10 stündige Ruhepause eintritt, so können sich hier auch die meisten
feinen Teile wieder absetzen, während sie beim Modellversuch überhaupt nicht
zur Ruhe kommen. Eine entsprechende Pause jedesmal nach einigen Modell-
fahrten einzuschieben, hätte die Dauer der Versuche unverhältnismäßig ver-
längert und konnte unterbleiben, da man die Form der Ablagerung nach den
Ergebnissen der Wirklichkeit genau genug annehmen kann und sie auch nicht
die Bedeutung hat wie die Austiefung der Sohle.

Versuche im Maßstabe 1 : 10 in der großen Rinne.

Diese Ergebnisse waren maßgebend für die Versuche im Maßstabe 1 : 10,
für die in der großen Rinne auf 100 m Länge ein Kanalmodell eingebaut wurde.
Bei den Vorversuchen hatte sich gezeigt, daß — von der Böschung in der
Nähe der Wasserlinie abgesehen — nur die Sohle und die steiler als 1 : 2³/₄ geneigten Flächen angegriffen wurden, während im übrigen nur eine Auflandung
stattfand. Deshalb genügte es bei den neuen Kanalprofilen, nur die Sohle aus
Sand zu machen und die Böschungen aus rauhen Brettern zu bauen, von denen
der aufgelagerte Sand nicht — wie etwa bei gehobelten Flächen — abrutschen
konnte. Der Einbau und die Einzelheiten der Anordnung sind deutlich auf
den Lichtbildern Fig. 34 bis 36, Taf. I, zu erkennen. Die Sandschicht der Sohle
wurde 13 cm stark gemacht und erstreckte sich über die mittleren 60 m des
Modellkanals; an den Enden, die als An- und Auslaufstrecken dienten, blieben
je 20 m ohne Sanddeckung, weil hier der Angriff der Schraube zu stark und zu
unregelmäßig war, um für die Wirklichkeit brauchbare Erfahrungen zu liefern.

Mit Hülfe dieser Anlaufstrecken und der später beschriebenen Einrichtung
zum Abstoppen und Ingangsetzen des Schleppzuges wurde es möglich, den
Schleppzug beim Eintritt in die 60 m lange Beobachtungsstrecke fast genau auf

die richtige Geschwindigkeit zu bringen. Die Zusammenstellung des Sandes war:

Maschenweite der Siebe =	0,9	0,6	0.4	0,3	0,2 mm
Sand Nr. 122 und 123, Siebrückstand in vH .	1	3	2	11	0	83,

während der Sand des Dortmund-Ems-Kanals bei km 160 die entsprechenden Siebrückstände von 0, 1, 3, 17, 2 und 77 vH aufwies. Der zu den Versuchen 1 : 10 verwendete Sand nahm also die Mitte zwischen diesem und dem der Vorversuch ein.

Den Schleppzug zeigt das Lichtbild Fig. 37, Taf. II, und die schematische Darstellung Fig. 38. Er besteht aus zwei Kähnen nach Modell 163, Fig. 12, die mit dem Heck gegeneinander liegen und von einem leichten Gitterträger in 5 m (50 m)

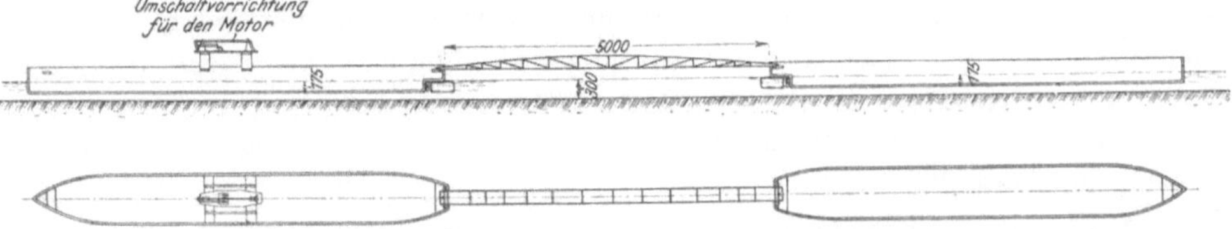

Fig. 38. Schema des Schleppzuges, bestehend aus zwei selbstfahrenden Kanalkahnmodellen. Maßstab 1 : 150 der Natur.

Abstand gehalten werden. Die steife Verbindung war nötig, um ein Aufeinanderrennen beim Stoppen zu verhindern; sie trug gleichzeitig die Stromleitungen und Gelenkketten zum Antriebe der Seitenverschiebung des zweiten Kahnes. Jeder Kahn hatte einen 1 PS-Nebenschlußmotor zum Antriebe der Schraube; die Motoren wurden mit Hülfe eines Wendeanlassers umgesteuert, der auf dem ersten Kahn aufgebaut war. Zu seinem Antriebe diente ein kleiner Motor, der durch einen Quecksilberumschalter angelassen wurde und sich nach dem Einstellen des Wendeanlassers selbsttätig ausschaltete. Der Umschalter legte sich nach jeder Fahrt dadurch um, daß ein mit ihm verbundener Hebel gegen eine quer zum Kanal gespannte Schnur stieß. Diese Schnur lief beiderseits über Rollen und wurde durch angehängte Gewichte von je 4 kg gespannt. Der einfahrende Schleppzug mußte die Gewichte heben und wurde dadurch und durch die Wirkung der inzwischen umgesteuerten Schraube allmählich zum Halten gebracht. Die vereinte Wirkung der Gewichte und Schraube brachte ihn bald wieder auf seine volle Geschwindigkeit. Obgleich er eine Gesamtlänge von $6,5 + 5,0 + 6,5 = 18$ m (180 m) hatte, genügten 20 m als Brems- bezw. Anfahrtstrecke, so daß die mittleren 60 m als Beobachtungsstrecke ausgenutzt werden konnten.

Die Schrauben, s. Fig. 98b, S. 59, waren rechtsgängig und hatten 0,125 m Durchmesser bei 0,150 m Steigung; sie entsprachen der des Kahnes Dortmund, der früher zu den Versuchen im Dortmund-Ems-Kanal benutzt war. Eine selbsttätige Sperrklinkenkupplung schaltete die Schraube beim Rückwärtsgang des Motors aus, so daß immer nur die Schraube des jeweilig ziehenden Kahnes in Tätigkeit war.

Während jeder zweiten Fahrt wurde der Schleppzug um 0,075 m verschoben; die Gesamtverschiebung konnte von 10 zu 10 cm zwischen 0 und 1 m eingestellt werden, so daß die Sohle bis zu 1 m (10 m) Breite vom Schraubenstrom unmittelbar getroffen werden konnte. Die Verschiebung war selbsttätig. Die Kähne wurden an Drähten parallel zur Kanalrichtung durch je 4 Gabeln geführt, die von 2 Querstangen nahe Bug und Heck getragen wurden.

Diese Querstangen wurden mit parallelgelagerten flachgängigen Schrauben-
spindeln verschoben. Alle vier Spindeln wurden von der Schraubenwelle des
ersten Kahnes aus durch eine veränderliche Riemenübersetzung angetrieben.
Der Antrieb für die Verschiebung der Modelle nach der einen Seite war nur
bei der Hinfahrt, der für die Verschiebung nach der anderen Seite nur bei der
Rückfahrt in Tätigkeit; war die eingestellte Seitenverschiebung erreicht, so
wurden die entsprechenden Kupplungen von dem Getriebe selbst aus- und ein-
gerückt. Die Getriebe beider Kähne waren durch Gelenkketten zwangläufig
miteinander verbunden. Eine mit der Seitenverschiebung zusammen arbeitende
Vorrichtung drehte gleichzeitig auch die Ruder bis zu dem gewünschten Aus-
schlagwinkel.

Alle diese Einrichtungen machten es möglich, daß die Fahrten völlig
selbsttätig vonstatten gingen. Nach einer kurzen Probezeit blieb die Einrichtung auch des Nachts ohne Aufsicht in Tätigkeit, da durch Stilliegen
während der Nachtstunden zu viel Zeit verloren gegangen wäre, während sich
bei den wenigen zur Aufsicht geeigneten Personen auf die Dauer eine nächt-
liche Beaufsichtigung verbot.

Nach jedem Versuche wurde der Kanal trocken gelegt, und es wurden in
Abständen von 2 m Profile aufgenommen. Ein besonderer Apparat zeichnete
die Profile so auf, daß die Breiten auf 1 : 10 verkleinert wurden, während für
die Höhen der natürliche Maßstab bestehen blieb. Die Vorrichtung bestand im
wesentlichen aus einer fahrbaren Zeichentafel, die auf 2 neben den Kanalprofilen genau ausgerichteten Schienen lief. Die ganze Vorrichtung ist auf Fig. 47,
Tafel III, im Hintergrunde und auf Fig. 76, Tafel II, zu sehen. Diese Schienen
wurden auch als Führung für die Lehren benutzt, die zur genauen Abgleichung
der Kanalprofile dienten.

Aus den jeweils etwa 30 Profilblättern wurden das mittlere Profil und die
Umhüllungslinien ermittelt, woraus auch zugleich die Zuverlässigkeit der Versuche hervorging.

Die Einrichtungen zum Zählen der Fahrten und der minutlichen Schraubenumdrehungen und zur Bestimmung der Fahrtgeschwindigkeit weichen von
den üblichen nicht ab und brauchen deshalb nicht besonders erwähnt zu
werden.

Versuche mit unbefestigter Sohle.

Zuerst wurde das Profil des Dortmund-Ems-Kanals eingebaut und der Einwirkung von 1538 Fahrten über eine Sohlenbreite von 0,8 m (8,0 m) ausgesetzt.
Das Profil hatte sich in der in Fig. 39 gezeichneten Weise umgestaltet, während
die gestrichelt eingezeichnete Profilform des Dortmund-Ems-Kanals bei km 160
im Jahre 1905 erreicht werden sollte. Die Austiefung war noch nicht genügend, namentlich der Mittelrücken war noch zu beseitigen. Es wurden daher
noch 460 Fahrten über 0,3 m (3,0 m) Breite, 614 über 0,6 m (6,0 m) und 236
über 0,9 m (9,0 m) Breite ausgeführt, wonach sich das in Fig. 40 gezeichnete
Profil ergab. Hier ist die Austiefung ziemlich übereinstimmend mit der Natur;
eine geringe Mindertiefe in der Mitte war noch zu beseitigen, und es wurde
nach den früheren Beobachtungen angenommen, daß dazu eine Vermehrung der
Fahrten über 0,3 m (3,0 m) Breite genügen werde. Für die folgenden Versuche
mit den anderen Profilen wurde daher für die Vergleichung untereinander
jedesmal rd. 800 mal über 0,9 m, 1000 mal über 0,8 m, 1000 mal über 0,6 m und

600 mal über 0,3 m Breite des Kanalmodells, also im ganzen 3400 mal gefahren
und dann die Profile aufgezeichnet. Die Fahrtgeschwindigkeit wurde so geregelt, daß sie in der Mitte rd. 0,44 m/sk (5 km/st) betrug, und die Stromzuführung zu den Motoren so bemessen, daß die Schrauben stets die gleichen
Umdrehungszahlen behielten. Die Geschwindigkeiten wurden dann um so geringer, je weiter von der Mitte gefahren wurde; es entspricht dies auch der
Wirklichkeit, wo die Umdrehungen der Schrauben gleich gehalten werden, wenn
auch die Schiffe sich dem Ufer zeitweilig nähern.

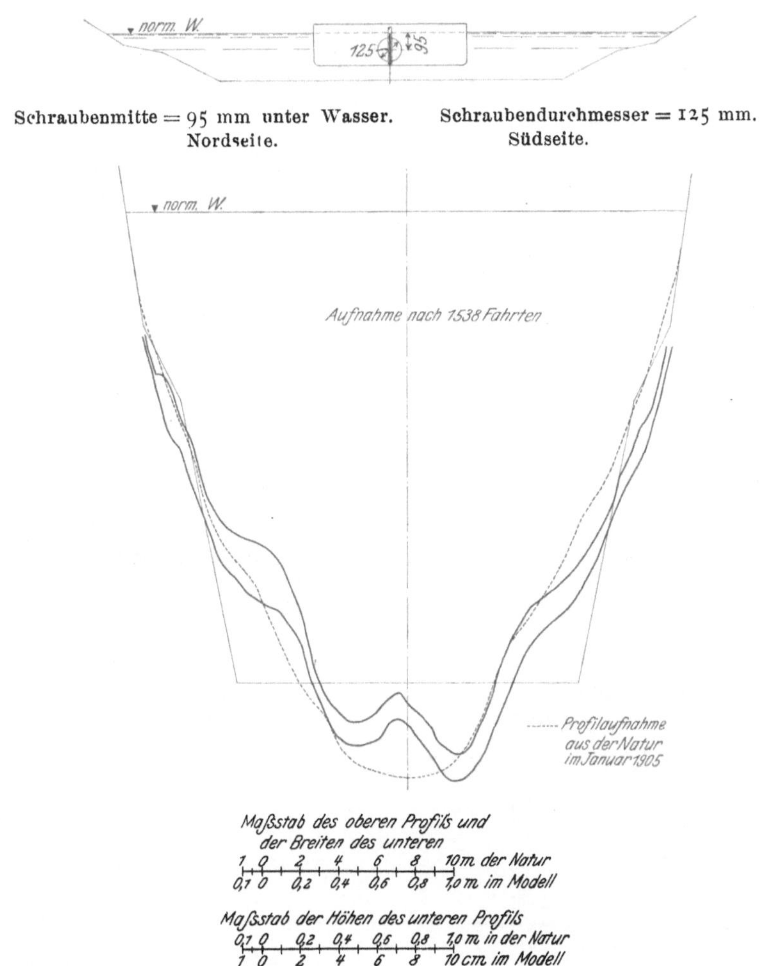

Schraubenmitte = 95 mm unter Wasser.   Schraubendurchmesser = 125 mm.
Nordseite.   Südseite.

Fig. 39. Gewöhnliches Einschraubenschiff mit 1 Ruder. Profil des Dortmund-Ems-Kanals.

Darauf wurde das ursprünglich für den Rhein-Weser-Kanal vorgesehene
Profil eingebaut. Die Umwandlung des Profils ist in Fig. 41 dargestellt und aus
dem Lichtbilde Fig. 42, Taf. III ersichtlich. Ein Vergleich mit dem vorigen Profil
ergibt eine ziemliche Uebereinstimmung der Austiefungen und auch der Ablagerungen, doch ist beides hier etwas geringer. Es läßt sich annehmen, daß
man die Erfahrungen auf dem ersten Kanal fast unverändert auf den zweiten
anwenden kann, und daß auch hier die Ablagerungen an den Seiten für den
·Betrieb bald hinderlich werden. Das nun weiter untersuchte Profil des Großschiffahrtsweges Berlin-Stettin, Fig. 6, wurde einer längeren Einwirkung des
Betriebes ausgesetzt, nämlich außer den vorher angegebenen 3400 noch 1660

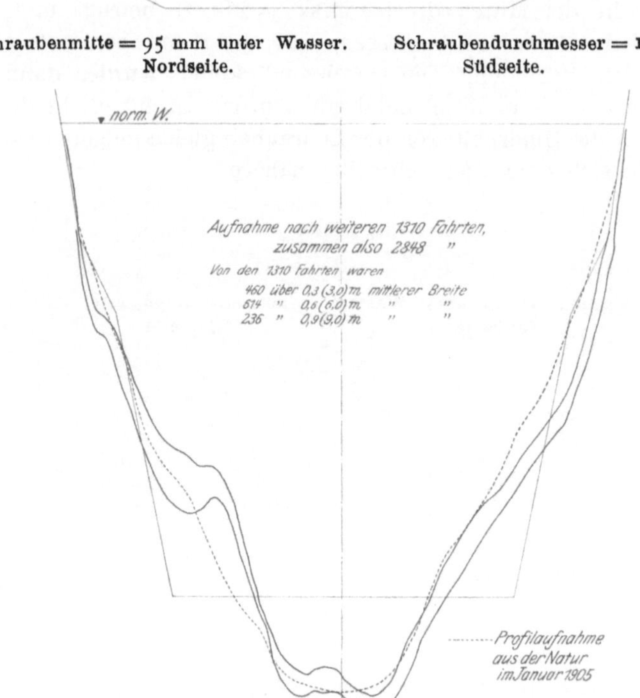

Fig. 40. Gewöhnliches Einschraubenschiff mit 1 Ruder. Profil des Dortmund-Ems-Kanals.

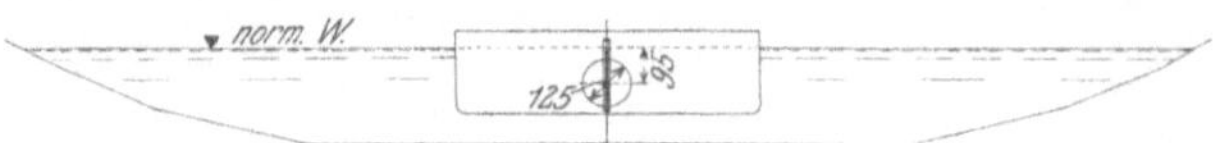

Schraubenmitte = Schraubenradius + 32,5 mm unter Wasser = 95 mm. Schraubendmr. = 125 mm.
Nordseite. Südseite.

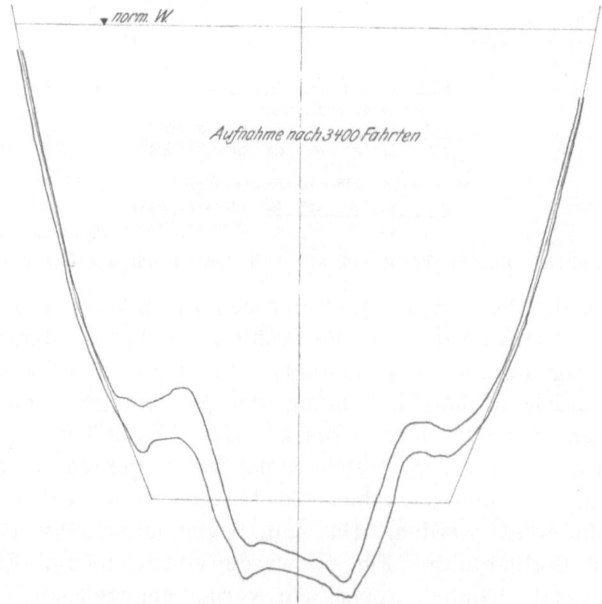

Fig. 41. Gewöhnliches Einschraubenschiff mit 1 Ruder. Urspünglich vorgesehenes Profil
des Rhein-Weser-Kanals.

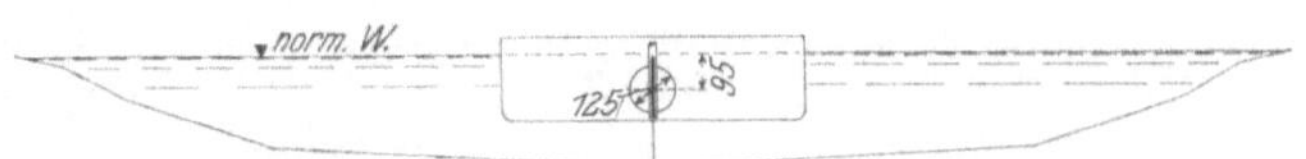

Schraubenmitte = 95 mm unter Wasser.   Schraubendurchmesser = 125 mm.
Nordseite.   Südseite.

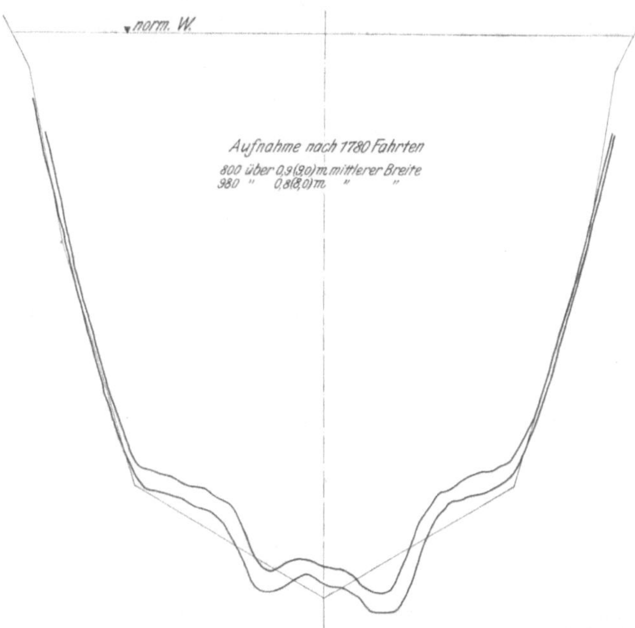

Fig. 43.   Gewöhnliches Einschraubenschiff mit 1 Ruder.   Profil des Großschiffahrtsweges
Berlin-Stettin.

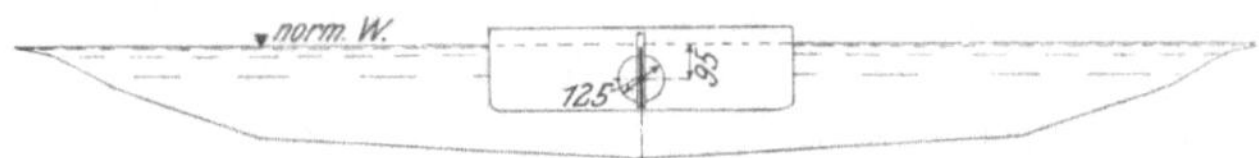

Schraubenmitte = 95 mm unter Wasser.   Schraubendurchmesser = 125 mm.
Nordseite.   Südseite.

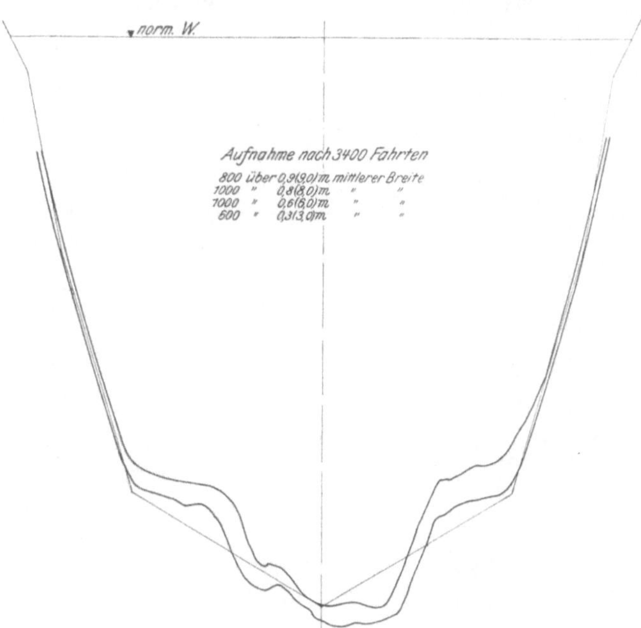

Fig. 44.   Gewöhnliches Einschraubenschiff mit 1 Ruder.   Profil des Großschiffahrtsweges
Berlin-Stettin.

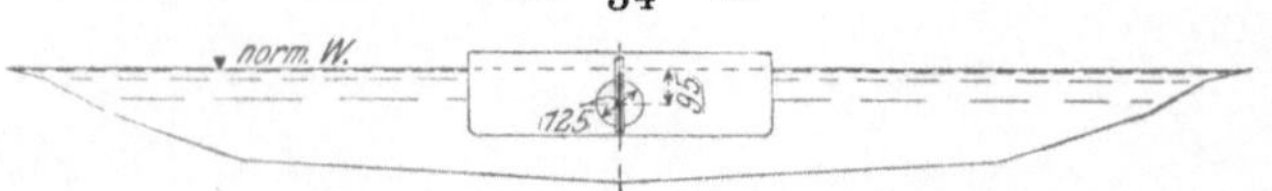

Schraubenmitte = 95 mm unter Wasser.   Schraubendurchmesser = 125 mm.
Nordseite.   Südseite.

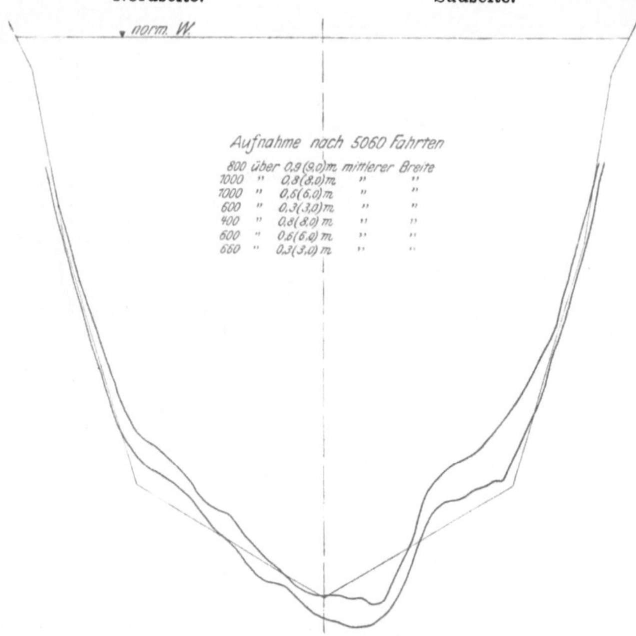

Fig. 45.   Gewöhnliches Einschraubenschiff mit 1 Ruder.   Profil des Großschiffahrtsweges
Berlin-Stettin.

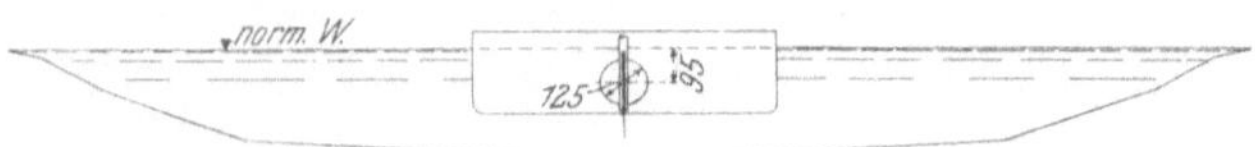

Schraubenmitte = 95 mm unter Wasser.   Schraubendurchmesser = 125 mm.
Gemittelte symmetrische Profile nach 1780, 3400 und 5060 Fahrten.
Nordseite.   Südseite.

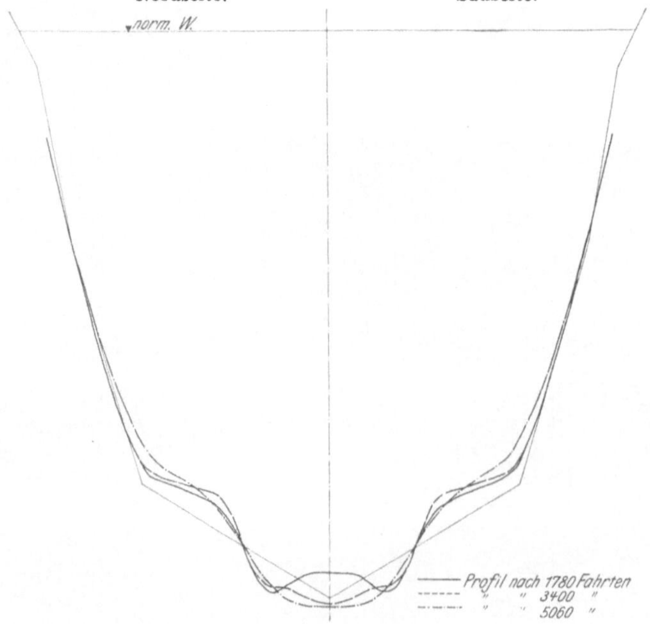

Fig. 46.   Gewöhnliches Einschraubenschiff mit 1 Ruder.   Profil des Großschiffahrtsweges
Berlin-Stettin.

weiteren Fahrten, davon 400 über 0,8 m, 600 über 0,6 m und 660 über 0,3 m Breite des Kanalmodells. Profilaufnahmen wurden nach 1780, 3400 und 5060 Fahrten gemacht und sind in den Fig. 43 bis 46 und den Lichtbildern Fig. 47 und 48, Taf. III, dargestellt. Es zeigt sich eine erheblich geringere Austiefung als bei den früheren Versuchen, in der Mitte kaum 0,01 m (0,1 m) und nach den Seiten zu weniger als 0,03 m (0,3 m) betragend, während sie bei den beiden vorher untersuchten Profilen 0,05 m (0,5 m) erreichte. Die größere Sohlentiefe und der größere Wasserquerschnitt des Profils gegenüber den anderen Profilen wirken hier zu diesem günstigen Ergebnis zusammen. Gegenüber dem ursprünglich vorgesehenen Profil des Rhein-Weser-Kanals, in welchem 823 Schraubenumdrehungen erforderlich waren, um die normale Geschwindigkeit zu erzeugen, sind hier nur 808 dazu erforderlich; die mittlere Tiefe der von der Achse des Schraubenstroms getroffenen Sohle ist hier 0,285 m (2,85 m) gegen 0,25 m (2,5 m) des ersteren Profils. Nimmt man nun an, daß der Schraubenstrom sich kegelförmig ausbreitet, so würde der Halbmesser des Kegelschnittes an der Berührungsstelle mit der Sohle bei dem tieferen Profil $0,285 - 0,175$

$$+ \frac{0,125}{2} = 0,173 \text{ m } (1,73 \text{ m}), \text{ in dem flacheren } 0,250 - 0,175 + \frac{0,125}{2} = 0,137 \text{ m}$$

(1,37 m) betragen. Bei gleichen Schraubenumlaufzahlen würden sich die Geschwindigkeiten an der Sohle umgekehrt wie die Quadrate dieser Halbmesser, also wie $0,137^2 = 0,173^2 = 1,0 : 1,6$ verhalten, also im flacheren Profil 1,6mal größer sein. In welcher Beziehung der Angriff auf die Sohle zur Geschwindigkeit des Schraubenstromes steht, ist nicht bekannt, jedenfalls wird der geringere Angriff bei kleinerer Geschwindigkeit aber erklärlich. In Fig. 46 sind für das Profil des Großschiffahrtsweges die gemittelten symmetrischen Profile nach 1780, 3400 und 5060 Fahrten zusammengestellt; man kann deutlich daraus ersehen, daß die Austiefung in der Sohle bei größeren Fahrtenzahlen in geringerem Maße zunimmt, während die Ablagerung neben der Austiefung sich nach den Ufern zu verschiebt. Es scheint danach, daß die feinsten Sandteilchen, die zum Teil noch in dem mittleren Teil der Sohle lagen, bei längerer Dauer des Versuches sich immer weiter nach der Seite ablagern, während dies bei den gröberen nicht mehr in dem Maße geschieht. Bei dem Betriebe bildet sich also durch die Aufbereitung des Sandes in der Mitte eine gröbere Deckschicht, die bei genügender Menge von gröberen Bestandteilen das Profil vor weiterer Austiefung schützen würde.

Versuche mit befestigter Sohle.

Hiernach liegt es nahe, diese Wirkung durch Aufbringen einer Schicht gröberen Materials schon von vornherein herbeizuführen. Vorversuche im Maßstabe 1 : 30 hatten gezeigt, daß dieser Schutz bei einer Dicke der Schicht von 0,02 m (0,6 m) und einer Korngröße von 1,25 bis 3,0 mm (1,25 bis 3,0 cm) bei den untersuchten Kanalprofilen erreicht wurde; eine so große Stärke der Deckung würde zu kostspielig werden. Daher wurden im Maßstabe 1 : 10 Modellversuche mit geringerer Stärke der Deckung ausgeführt und die Korngröße von 1,75 bis 6,0 mm (1,75 bis 6,0 cm) gewählt. Da es bei einer Mischung sehr verschiedener Korngrößen fast unmöglich ist, den Einfluß der Korngröße festzustellen, so wurden nur Mischungen annähernd gleicher Korngröße untersucht. Die Lagerung des Gemisches ist dann viel lockerer und der Widerstand gegen Angriffe geringer, als wenn die Zwischenräume mit feinerem Korn ausgefüllt sind, aber

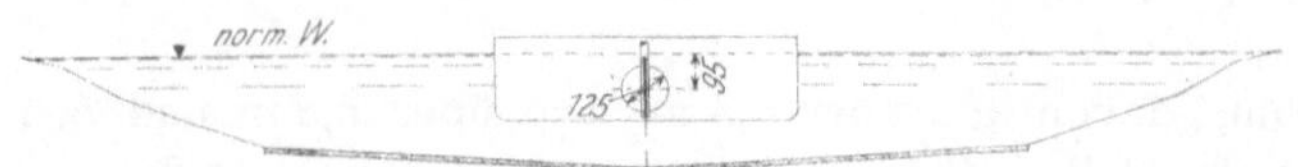
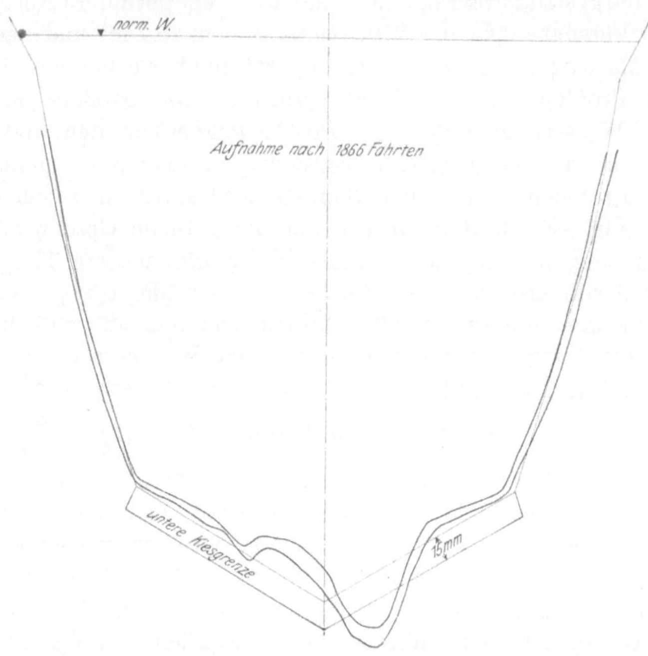

Schraubenmitte = 95 mm unter Wasser.   Schraubendurchmesser = 125 mm.
Nordseite.   Südseite.

Fig. 49.   Gewöhnliches Einschraubenschiff mit 1 Ruder.   Profil des Großschiffahrtsweges
Berlin-Stettin.   Korngröße der Sohlenbedeckung 1,25 bis 1,75 mm.   Bedeckungstiefe 15 mm.

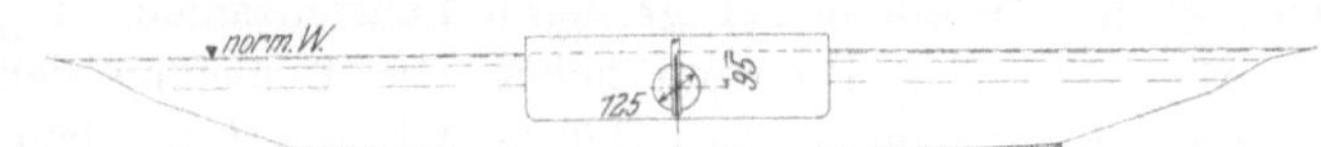
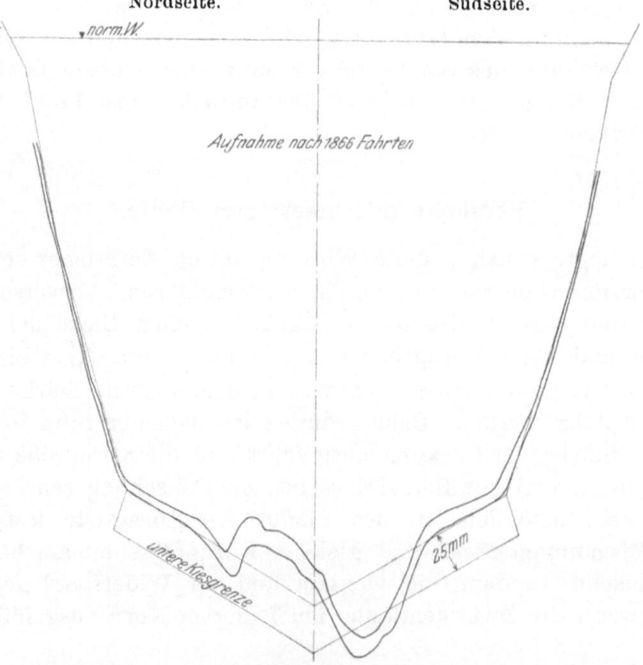

Schraubenmitte = 95 mm unter Wasser.   Schraubendurchmesser = 125 mm.
Nordseite.   Südseite.

Fig. 50.   Gewöhnliches Einschraubenschiff mit 1 Ruder.   Profil des Großschiffahrtweges
Berlin-Stettin.   Korngröße der Sohlenbedeckung 1,25 bis 1,75 mm   Bedeckungstiefe 25 mm.

Schraubenmitte = 95 mm unter Wasser. Schraubendurchmesser = 125 mm.
Nordseite. Südseite.

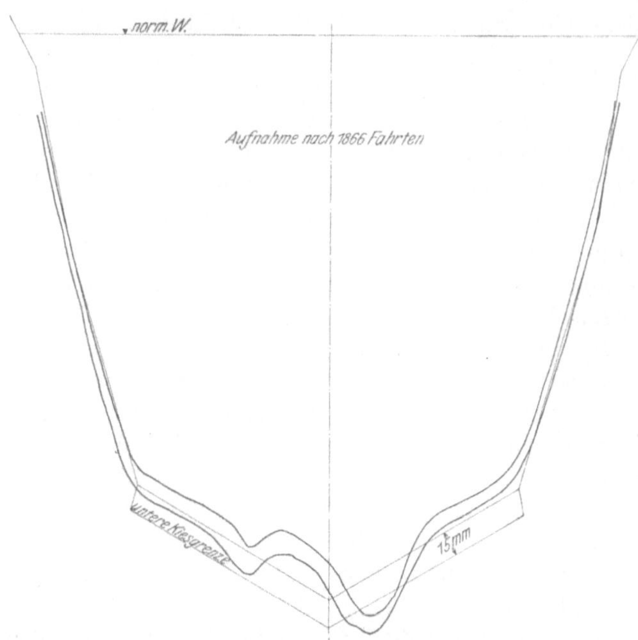

Fig. 51. Gewöhnliches Einschraubenschiff mit 1 Ruder. Profil des Großschiffahrtsweges Berlin-Stettin. Korngröße der Sohlenbedeckung 1,75 bis 2,65 mm. Bedeckungstiefe 15 mm.

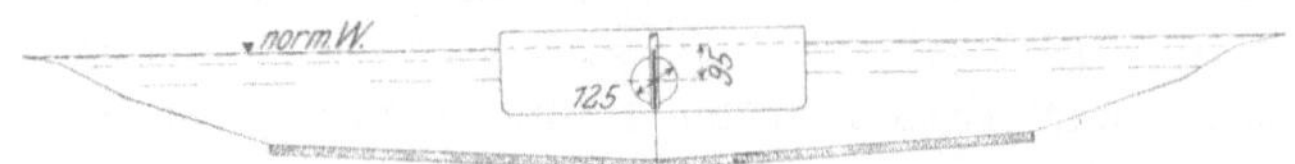

Schraubenmitte = 95 mm unter Wasser. Schraubendurchmesser = 125 mm.
Nordseite. Südseite.

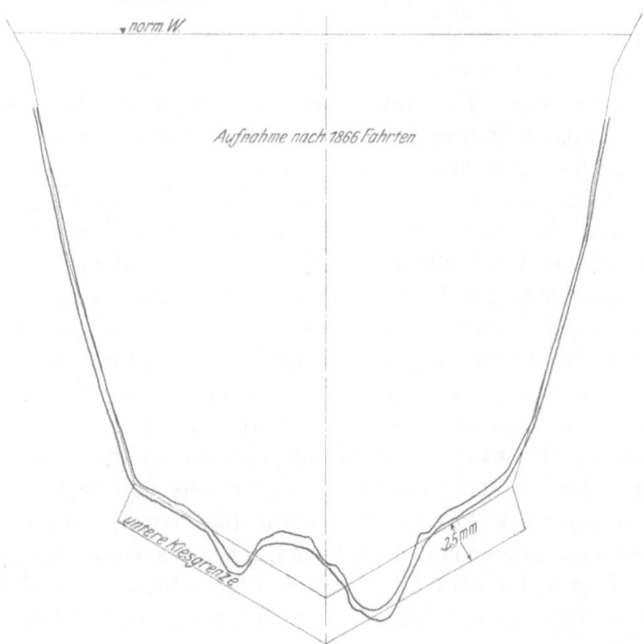

Fig. 52. Gewöhnliches Einschraubenschiff mit 1 Ruder. Profil des Großschiffahrtsweges Berlin-Stettin. Korngröße der Sohlenbedeckung 1,75 bis 2,65 mm. Bedeckungstiefe 25 mm.

um so mehr sind die Ergebnisse für die Wirklichkeit zu gebrauchen, wo man in den meisten Fällen nicht in der Lage ist, das beste Mischungsverhältnis der Korngrößen sicher zu erhalten.

Der nächste Versuch wurde mit dem Profil des Großschiffahrtsweges vorgenommen, indem eine Strecke der Sohle mit einer 15 mm (15 cm) starken Decke von 1,25 bis 1,75 mm (1,25 bis 1,75 cm) Korngröße, die folgende mit 25 mm (25 cm) starker Decke gleicher Korngröße, die nächste mit 15 mm (15 cm) starker Decke von 1,75 bis 2,65 mm (1,75 bis 2,65 cm) Korngröße und die letzte Strecke mit 25 mm (25 cm) starker Decke derselben Korngröße versehen wurde. Bei dem Versuch trat eine kleine Störung dadurch ein, daß der eine Modellkahn in der Nacht vom 19. bis 20. Oktober, beim unvermuteten Eintritt sehr starker Kälte, einen Sprung bekam und sank. Die tiefe Rinne auf der rechten Seite der Profile, Fig. 49 bis 52, zeigt deutlich, daß er während des Sinkens noch einige Fahrten gemacht hat; bei dem stetig vergrößerten Tiefgange hat der Schraubenstrom die Sohle stark angegriffen, bis der Kahn zum Aufsitzen kam. Auf der ganzen Länge des Kanals ist auf der rechten Seite die Deckschicht durchbrochen, eine Folge des zuletzt eingetretenen großen Tiefganges und der dadurch bedingten Annäherung der Schraube an die Sohle, anderenfalls wäre diese Wirkung auch bei längerem Angriff auf derselben Stelle wohl nicht eingetreten, wie sich aus dem späteren Versuch mit dem ursprünglich vorgesehenen Profil des Rhein-Weser-Kanals ergab. Bei diesem war die Verschiebevorrichtung durch Reißen der Antriebschnur längere Zeit außer Tätigkeit gesetzt, so daß die Kähne immer über dieselbe Stelle fuhren. Es trat auch dort eine Vertiefung der Sohle ein, die zwar größer als die Stärke der Deckschicht war, diese Vertiefung wurde aber zum größten Teil durch Ausspülen des unter der Deckschicht liegenden feinen Sandes bewirkt, ohne daß die Schicht völlig durchbrach (vgl. Fig. 62 bis 64, S. 41 u. 42). Da beim Festsitzen des Kahns von der normalen Anzahl der Fahrten nur etwas über die Hälfte, nämlich 1866 Fahrten gemacht waren, wurden nach Aufnahme der Profile Fig. 49 bis 52 die Fahrten zu Ende geführt und dann wieder die Profile aufgezeichnet und auch die Umänderung der Deckschicht festgelegt (siehe Aufnahmen Fig. 53 bis 56 und Lichtbilder Fig. 57 bis 61, Taf. III u. IV). Durch diese weiteren Fahrten wurde das Profil dicht neben der Durchbruchstelle noch stärker verändert, während im übrigen wenig Einwirkung zu spüren war. Die linke Seite gibt daher ein Bild der Sohle, wie sie sich beim normalen Betriebe gestaltet haben würde. Man sieht, daß die Deckschicht hier fast unverändert geblieben ist, eine geringe Verminderung der Schichtdicke ist zu bemerken, und eine geringe Auflandung feinen Sandes namentlich an dem Zusammenstoß von Sohle und Böschung. Es scheint, daß sich feinste Sandteile durch die Deckschicht bewegt haben, deren Hohlräume ja wegen des gleichmäßigen Korns verhältnismäßig groß sind.

Bei dem letzten Versuche mit dem ursprünglich vorgesehenen Profil des Rhein-Weser-Kanals wurde wegen der geringen Wassertiefe die Stärke der Deckschicht nicht unter 20 mm (20 cm) genommen und mit 3 verschiedenen Korngrößen gearbeitet. Es wurde eine Decke von 25 mm (25 cm) Stärke und einer Korngröße von 1,75 bis 2,65 mm (1,75 bis 2,65 cm), eine andere von 25 mm (25 mm) Stärke und 2,65 bis 4,0 mm (2,65 bis 4,0 cm) Korngröße und dazwischen eine von 20 mm (20 cm) Stärke und einer Korngröße von 4,0 bis 6,0 mm (4,0 bis 6,0 cm) aufgebracht. Die Profile nach Beendigung des Versuches sind in Fig. 62 bis 64 dargestellt (vergl. auch die Lichtbilder Fig. 65 bis 67, Taf. IV). Wie bereits oben angegeben, war auf der rechten Seite während des zeitweiligen Versagens

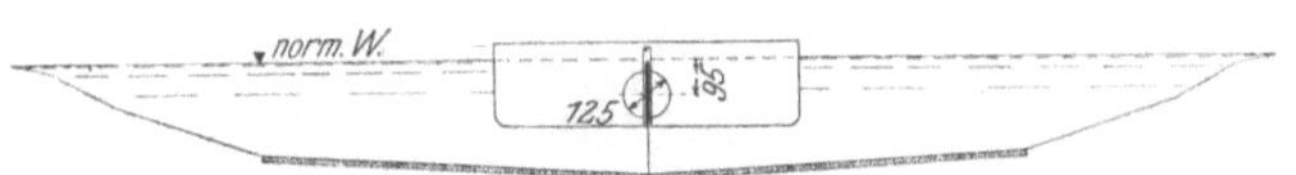

Schraubenmitte = 95 mm unter Wasser.   Schraubendurchmesser = 125 mm.
Nordseite.   Südseite.

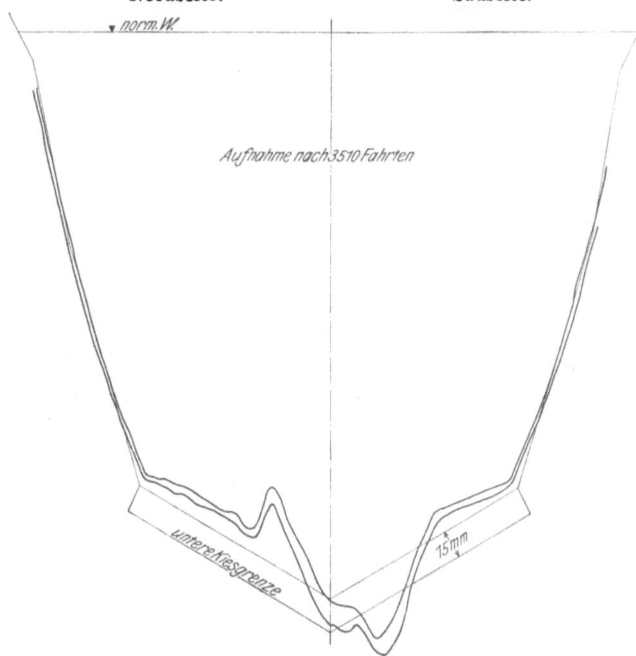

Fig. 53. Gewöhnliches Einschraubenschiff mit 1½ Ruder. Profil des Großschiffahrtsweges Berlin-Stettin. Korngröße der Sohlenbedeckung 1,25 bis 1,75 mm. Bedeckungstiefe 15 mm.

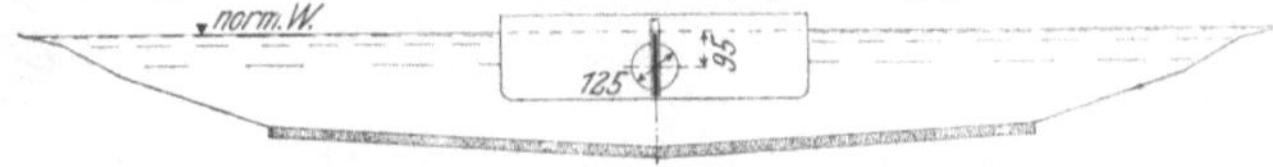

Schraubenmitte = 95 mm unter Wasser.   Schraubendurchmesser = 125 mm.
Nordseite.   Südseite.

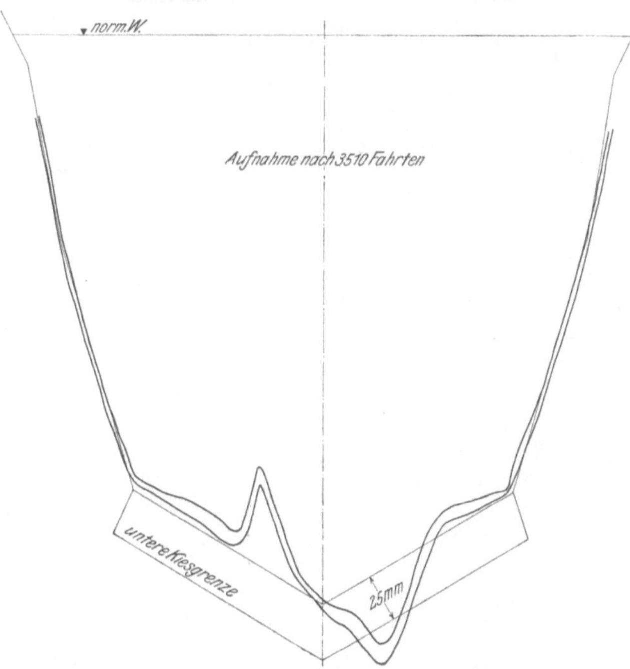

Fig. 54. Gewöhnliches Einschraubenschiff mit 1 Ruder. Profil des Großschiffahrtsweges Berlin-Stettin. Korngröße der Sohlenbedeckung 1,25 bis 1,75 mm. Bedeckungstiefe 25 mm.

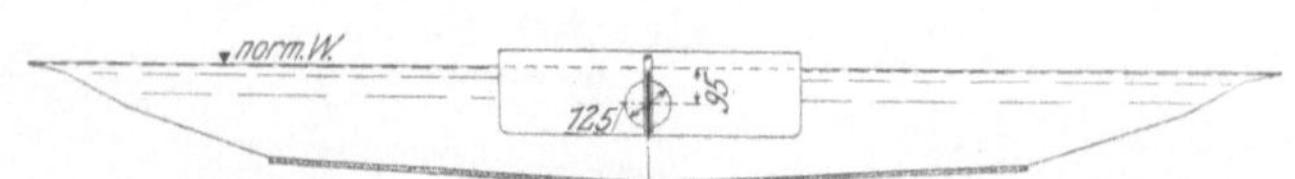

Schraubenmitte = 95 mm unter Wasser.   Schraubendurchmesser = 125 mm.
Nordseite.   Südseite.

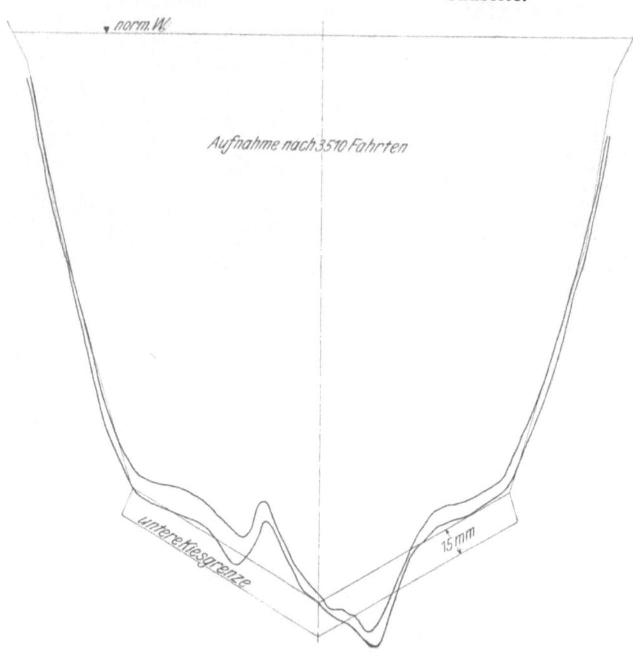

Fig. 55. Gewöhnliches Einschraubenschiff mit 1 Ruder. Profil des Großschiffahrtsweges Berlin-Stettin. Korngröße der Sohlenbedeckung 1,75 bis 2,65 mm. Bedeckungstiefe 15 mm.

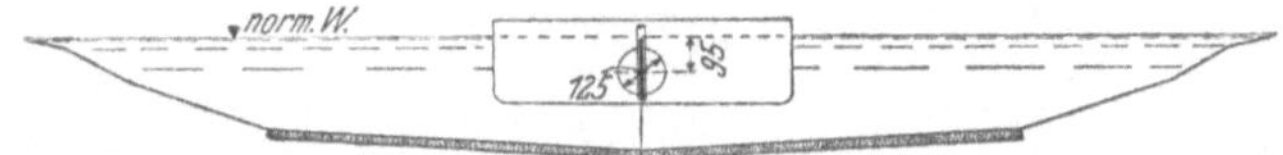

Schraubenmitte = 95 mm unter Wasser.   Schraubendurchmesser = 125 mm.
Nordseite.   Südseite.

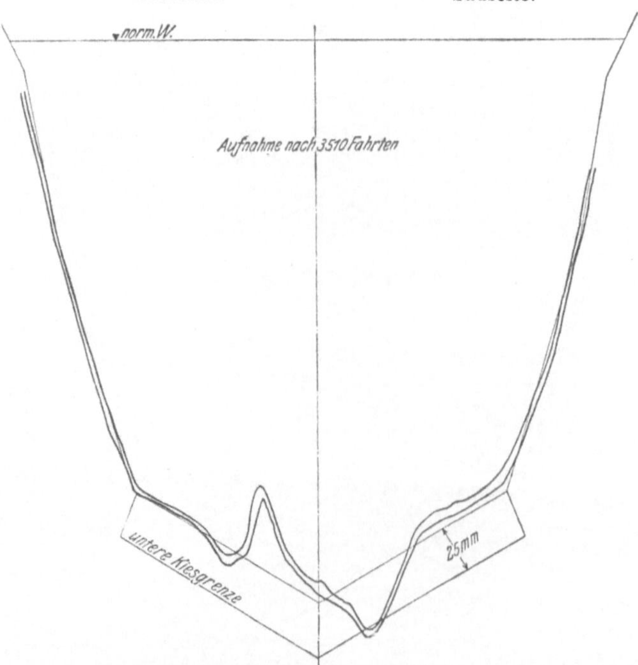

Fig. 56. Gewöhnliches Einschraubenschiff mit 1 Ruder. Profil des Großschiffahrtsweges Berlin-Stettin. Korngröße der Sohlenbedeckung 1,75 bis 2,65 mm. Bedeckungstiefe 25 mm.

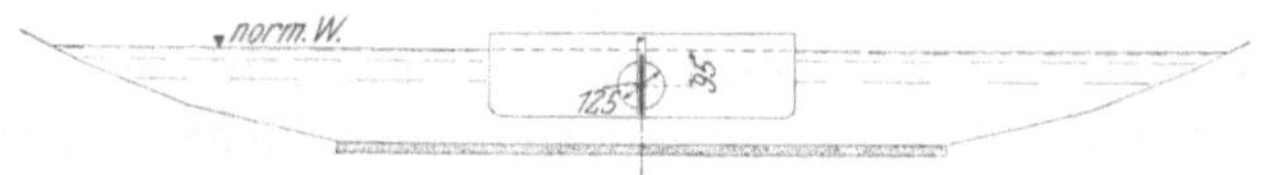

Schraubenmitte = 95 mm unter Wasser.   Schraubendurchmesser = 125 mm.
Nordseite.   Südseite-

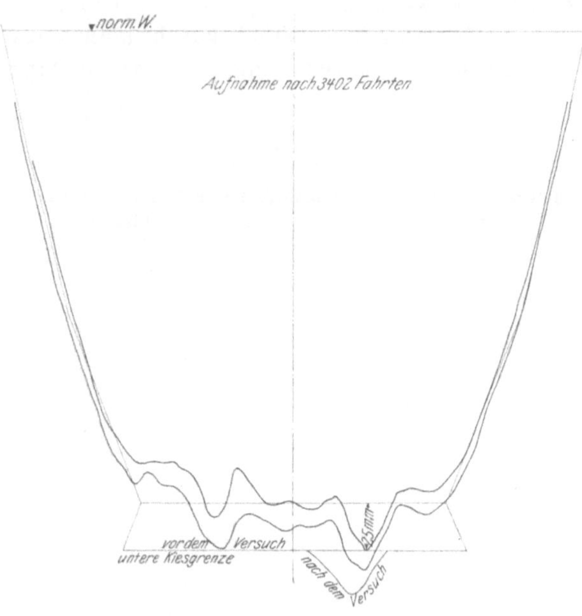

Fig. 62. Gewöhnliches Einschraubenschiff mit 1 Ruder.   Profil des Rhein-Weser-Kanals.
Korngröße der Sohlenbedeckung 1,75 bis 2,65 mm.   Bedeckungstiefe 25 mm.

Schraubenmitte = 95 mm unter Wasser.   Schraubendurchmesser = 125 mm.
Nordseite.   Südseite.

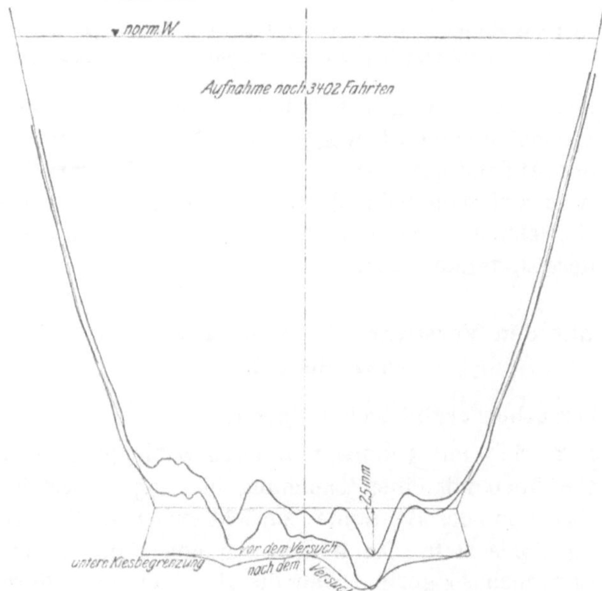

Fig. 63. Gewöhnliches Einschraubenschiff mit 1 Ruder.   Profil des Rhein-Weser-Kanals.
Korngröße der Sohlenbedeckung 2,65 bis 4,0 mm.   Bedeckungstiefe 25 mm.

der Verschiebvorrichtung der Angriff auf der stark vertieften Stelle besonders langandauernd gewesen, ohne daß der Tiefgang der Kähne sich geändert hatte. Die Wirkung ist wesentlich anders als bei dem Unfall im vorigen Profil. Die Deckschicht ist auch stark angegriffen, aber nicht durchbrochen worden, der Angriff ist aber doch so stark gewesen, daß ein Teil des Sandes unter der Deckschicht durch diese gespült und seitlich auf ihr abgelagert wurde. Bei dem feinsten und mittleren Korn ist die Deckschicht um 15 mm (15 cm) an einzelnen

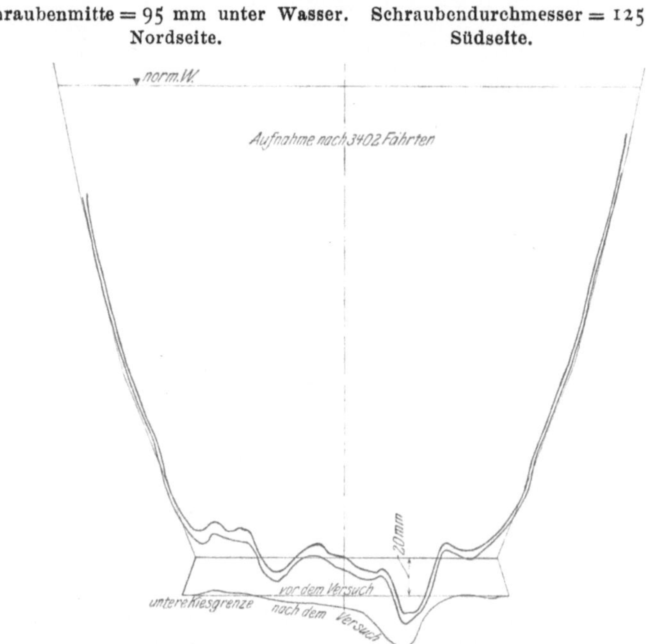

Fig. 64.   Gewöhnliches Einschraubenschiff mit 1 Ruder.   Profil des Rhein-Weser-Kanals.
Korngröße der Sohlenbedeckung 4,0 bis 6,0 mm.   Bedeckungstiefe 20 mm.

Stellen verschwächt, bei dem gröbsten um 10 mm (10 cm), so daß die Stärke bis aus 10 mm (10 cm) gemindert worden ist. Von besonderem Wert ist die geringe Größe der Auflandung. Es ist hier auch nach dem Ufer zu ein genügender Spielraum zwischen Schiffsboden und Kanalsohle verblieben und die nutzbare Breite in Schiffsbodenhöhe nicht verringert, so daß die Begegnung der Schiffe ungehindert stattfinden kann.

Schlüsse aus den Versuchen über die Einwirkung der Dampfer auf die Sohle.

Aus den Versuchen ergibt sich Folgendes:

Durch den Betrieb mit 5 km/st fahrenden Schleppzügen, aus Schraubenschlepper und 2 Kähnen mit einer Tauchung bis 1,75 m bestehend, findet ein Angriff durch das von der Schraube zurückgeworfene Wasser in merkbarer Weise nur auf die Sohle statt. Die Absenkung neben den Fahrzeugen und die Rückströmung sind noch so gering, daß die Böschungen dadurch kaum angegriffen werden, wenn sie nicht steiler sind, als der natürliche Böschungswinkel des feinen Sandes — etwa 1 : 3. Bei rascher fahrenden Dampfern und durch Windwellen findet indes in der Nähe der Wasserlinie ein Angriff auf die Uferböschungen statt, gegen den eine Deckung erforderlich ist, die um so stärker und dichter sein muß, je steiler die Böschung ist. Der Schraubenstrom verursacht eine Vertiefung an den von ihm getroffenen Stellen der Sohle und daneben eine Auflandung, die sich nach dem Ufer zu verringert.

Durch diese Umlagerung des Sandes findet gleichzeitig eine Aufbereitung statt. Die gröbsten Teile bleiben mehr in der Mitte liegen und bilden nach und nach eine schützende Decke der Sohle, falls sie in genügender Menge vorhanden sind. Im Diluvialsand ist dies meist nicht der Fall, und es wird daher bald die Auflandung an den Seiten eine unzulässige Größe erreichen, so daß ein Begegnen zweier Schleppzüge nicht mehr möglich ist. Da zugleich mit der Umlagerung des Sandes eine Verkleinerung des Wasserquerschnitts im Kanal eintritt, welche einen größeren Zugwiderstand bedingt, so erscheint es nötig, bei Kanälen mit weniger als etwa 2,80 m Sohlentiefe eine künstliche Deckung mit gröberem Material vorzunehmen. Es erscheint ausreichend, in der freien Kanalstrecke diese Deckung in Stärke von 20 cm und etwa 5 cm Korngröße mit feinerem Korn gemischt auszuführen.

Der Hauptvorteil zeigt sich in der Verhinderung der Auflandung an den Seiten.

Die Breite der Deckung braucht nur 9 bis 10 m zu betragen, da weiter zur Seite selten ein Angriff stattfinden wird, und etwaige gelegentliche Austiefungen durch den Betrieb wieder ausgefüllt werden. Es bietet keinen Vorteil, die Profile beim Bau schon so zu gestalten, wie sie sich durch den längeren Betrieb ausbilden; denn wenn die Sohle nach den Seiten zu ansteigt, ist dort weniger Raum für die Ablagerung des aus der Mitte ausgespülten Sandes, und es tritt der Augenblick eher ein, in dem in Höhe des Schiffbodens keine genügende Breite für das Ausweichen der Schleppzüge vorhanden ist.

Vor und hinter den Schleusen sowie an allen anderen Stellen, wo ein Ingangsetzen der Schleppzüge eintritt, ist das Profil möglichst in größerer Tiefe und mit stärkerer Sohlendeckung herzustellen, da hier selbst bei größerer Vorsicht ein stärkerer Angriff stattfinden wird, als dort, wo die Schleppzüge schon die volle Fahrtgeschwindigkeit haben. Dieser letzte Schluß findet auch in den Sonderversuchen mit fest verankertem Dampfer des Jahres 1910 seine Bestätigung (siehe später Seite 62).

Ist eine Dichtung des Kanalschlauches erforderlich, so ist sie in den mittleren 10 m möglichst tief zu legen und zweckmäßiger durch eine Deckschicht aus gröberem Material zu schützen, dessen Zwischenräume aber durch feinen Sand ausgefüllt sind, da es nicht ausgeschlossen ist, daß durch die gröbere Deckschicht allein noch ein Auswaschen der Dichtung stattfinden kann. An den Seiten bedarf die Dichtung im allgemeinen keines weiteren Schutzes, als höchstens des einer Sandschicht. Unter welchem Winkel die Dichtung nach den Seiten ansteigen darf, ist von der Bodenart abhängig, da bei zu steiler Neigung die Schutzschicht leicht abrutschen kann, wenn eine Vertiefung in der Kanalmitte eintritt. Die Dichtung nachträglich durch Einschlemmen von Ton zu bewirken, erscheint bei durchlässiger Kanalsohle nicht zweckmäßig, da die mittleren 10 m der Sohle durch den Betrieb rasch der dichtenden Oberfläche beraubt sein werden; dagegen mag es häufig der geringen Kosten wegen zweckmäßig sein, die grobe Deckschicht erst beim Beginn des Betriebes einzubringen. Am häufigsten wird dies bei Kanälen in Ton-, fettem Lehm- und Mergelboden stattfinden, da sich hier eine große Menge der feinsten ausgespülten Bodenteilchen lange schwebend erhalten wird und sich schließlich doch, wenn auch langsamer, die schädliche Seitenablagerung beim Betriebe ausbilden kann.

Für die Profilform ergibt es sich als zweckmäßig, die Sohle mindestens auf die ganze Breite des Schraubenangriffs, also 10 m in der Mitte, möglichst tief zu legen; die unbefestigten Teile der Seitenböschungen sind im Sandboden nicht steiler als 1 : 3 anzuordnen. Das Profil des Großschiffahrtsweges zeigt die günstige Wirkung des größeren Wasserprofils und namentlich der größeren Sohlentiefe in 10 m Breite sehr deutlich durch die bedeutend geringere Austiefung der Sohle.

Die Größe des Wasserprofils wirkt günstig durch die Verminderung des Zugwiderstandes und die dadurch bedingte geringere Geschwindigkeit des Schraubenstroms an sich.

V. Versuche zur Ermittlung einer zweckmäßigen Dampferbauart für ein bestimmtes Kanalprofil.

(Ausgeführt in den Jahren 1909 bis 1910.)

Die bisher mitgeteilten Versuche hatten wertvolle Ergebnisse geliefert, die als Grundlage für die Ausgestaltung des Schleppbetriebes und für die Festsetzung des Profils der neuen Kanäle zu verwerten waren. Nachdem unter Benutzung dieser Versuchsergebnisse die Kanalquerschnitte im allgemeinen festgelegt waren und außerdem eingehende Untersuchungen ergeben hatten (vergl. die in der Fußnote 1 S. 2 angeführte Veröffentlichung), daß für den Schleppbetrieb auf den neuen Wasserstraßen während der ersten Jahre die elektrische Treidelei zu unwirtschaftlich sein wird, und aus dem Grunde in Aussicht genommen war, auf dem ganzen Rhein-Weser-Kanal den staatlichen Schleppbetrieb durch Schleppdampfer auszuüben, stand man nun vor der Aufgabe, die neu zu beschaffenden Schleppdampfer der gewählten Kanalform anzupassen. Man entschloß sich, vor Beschaffung des ganzen Schleppschiffparkes durch Versuche die Frage zu klären, welche Bauart mit Rücksicht auf eine möglichst geringe Schädigung der KanalUfer und -Sohle am besten geeignet ist.

Die zurzeit verwendeten Schleppdampfer und selbstfahrenden Kanalkähne genügen den in dieser Beziehung an sie zu stellenden Anforderungen augenscheinlich nicht, da in den Kanälen, auf welchen Schleppdampfer verkehren, vielfach die Sohle zerstört worden ist, was oft zu schweren Schädigungen für die umliegenden Ländereien und für die Schiffahrt geführt hat. Die Aufnahmen am Dortmund-Ems-Kanal haben beispielsweise gezeigt, daß die Kanalsohle in der Mitte bei leichtem Boden um etwa $\frac{1}{2}$ m und mehr ausgetieft und an den Seiten entsprechend aufgehöht ist, wodurch einerseits im Auftrage die Dichtungsschicht angegriffen und andererseits die nötige Fahrtiefe für die Schiffe verloren gegangen ist.

Die Fig. 68a und b geben solche Querprofile des Dortmund-Ems-Kanals bei km 87,2 und km 102 wieder, in denen die Dichtungsschicht vollständig durchbrochen ist, während die seitlichen Ablagerungen zum Teil durch Baggerung beseitigt sind.

Diese Bodenverlagerung in der Sohle ist, wie auch die zuletzt behandelten Versuche dargetan haben, in der Hauptsache durch den Dampferverkehr verursacht; der Angriff ist um so stärker, je näher die Schiffsschraube dem Boden ist, also besonders auf etwas seichteren Kanalstrecken.

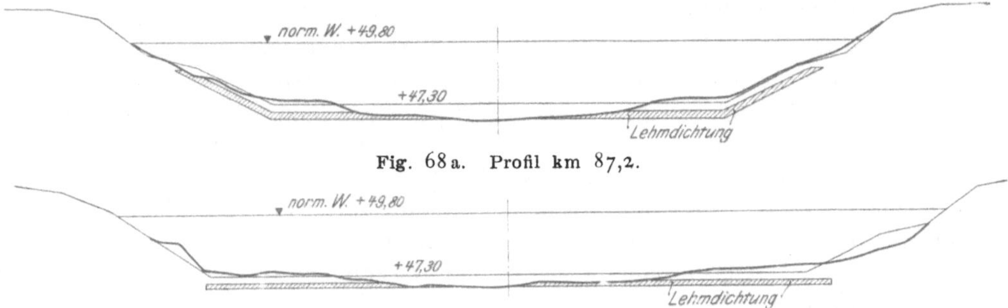

Fig. 68a. Profil km 87,2.

Fig. 68b. Profil km 102.

Fig. 68a und b. Querprofile des Dortmund-Ems-Kanals mit durchbrochener Lehmdichtung. Frühjahr 1907.

Die schädliche Einwirkung der Schiffsschraube wächst mit ihrer Umlaufzahl und besonders mit ihrer Annäherung an die Sohle.

A) Erstes Programm für die neuen Versuche und Ausführung des Modells.

Von dieser letzteren Erwägung ging man daher auch bei den weiteren Vergleichsversuchen mit verschiedenen Schleppdampfermodellen aus, um einen Anhalt für die Bauart eines Dampfers zu gewinnen, welcher die Sohle und Ufer der Kanäle möglichst wenig anzugreifen versprach, ohne unwirtschaftlich im Betriebe zu sein, und sah in dem vorläufigen Programm nur solche Anordnungen vor, bei denen die Schraube möglichst weit von der Sohle entfernt liegt, nämlich folgende: Außer

1) dem bereits untersuchten Einschraubendampfer,
2) einen Doppelschraubendampfer
mit nach außen } schlagenden Schrauben,
mit nach innen
3) einen Tunnelschraubendampfer mit einer Schraube,
4) einen Tunnelschraubendampfer mit zwei Schrauben
   a) nach außen schlagend,
   b) nach innen schlagend.

Die bereits vorhandenen Versuchsergebnisse über die Einwirkung der gewöhnlichen tiefliegenden Schraube einerseits auf das ursprünglich in Aussicht genommene Profil des Rhein-Weser-Kanals mit wagerechter Sohle, andererseits auf das des Großschiffahrtsweges Berlin-Stettin mit in der Mitte um 0,5 m vertiefter und nach beiden Seiten sanft ansteigender Sohle waren daher zunächst durch Versuche mit Zweischraubenschiffen und sodann mit sogenannten Tunnelheckschiffen mit hochliegender, aber überdeckter Schraube zu ergänzen.

Während ursprünglich gesonderte Versuche für den Rhein-Weser- und den Berlin-Stettiner Kanal geplant waren, änderte sich die Sachlage, nachdem beschlossen war, auch für den Rhein-Weser-Kanal die in der Mitte um 0,5 m vertiefte Sohle anzuordnen. Der wesentliche Unterschied zwischen den beiden Profilen war damit gefallen, und es wurde nunmehr bei den Versuchen das in

Fig. 17 dargestellte, jetzt für den Rhein-Weser-Kanal endgültig festgesetzte Profil zugrunde gelegt, welches dem des Großschiffahrtswegs Berlin-Stettin so ähnlich ist, daß die Ergebnisse auch hierfür verwendbar sind. Die Versuche wurden wie die früheren im Maßstabe 1 : 10 ausgeführt und die ganze Einrichtung im wesentlichen benutzt.

Während aber die im Jahre 1908 ausgeführten Versuche sich nur auf den Sohlenangriff bezogen, und daher in einem Kanal hergestellt wurden, der nur in der Sohle aus Sand, an den beiden Seiten aber aus Holz bestand, kamen diesmal wegen der auch mit hochliegender Schraube auszuführenden Versuche gleichfalls die Böschungen in Betracht. Diese wurden daher ebenso wie die Sohle aus feinstem Haselhorster Sand hergestellt, und zwar auf dem größten Teil der Länge (42 von 60 m) aus genau demselben, wie er 1908 verwandt war. (Vergl. Fig. 28 d.) Die übrigen 18 m Länge bestanden aus neu beschafftem Haselhorster Sand von folgender Zusammensetzung (vergl. Fig. 28 e):

Maschenweite der Siebe		0,9	0,6	0,4	0,3	0,2 mm
Siebrückstand in vH		4	3	26	22	1	44 .

Die Steinbedeckung in der Gegend des Wasserspiegels wurde aus einer auf Sandunterlage ruhenden 20 mm dicken Kiesschicht von etwa 8 mm Korngröße hergestellt. Diese stützte sich mit ihrem Fuße gegen eine 30 mm hohe Wand aus zwei 5 mm starken, 12 mm breiten Holzleisten, die in 6 mm lichtem Abstand an kleinen senkrechten Pfosten befestigt waren. Die Form des Profils und die Art der Herstellung sind auf den Lichtbildern Nr. 72, 73, 76, 78, 79 und 82 (Tafel II, VI, VII und VIII deutlich zu erkennen.

Da der Einbau der bisher verwandten maschinellen Einrichtungen in ein Dampfermodell wegen der zu geringen Größe des Modells auf Schwierigkeiten stieß, wurden, wie auch bei den 1908 ausgeführten Versuchen, Modelle von Schleppkähnen im Maßstabe 1 : 10 normaler Größe benutzt, deren Heck aber dampferähnlich zugeschärft wurde, um den Zutritt des Wassers zu den Schrauben zu erleichtern. Die Verbindung der Modellkähne ist bereits oben beschrieben. Die Anordnung ist außerdem in den Lichtbildern Fig. 70 und 71, Tafel V, ersichtlich.

Ausführung der Versuchsfahrten im Jahre 1909.

Die Fahrten wurden am 15. September 1909 mit nach außen schlagenden Doppelschrauben begonnen, welche bei 92 mm Durchmesser mit ihren Achsen 300 mm voneinander und 95 mm unter dem Wasserspiegel lagen, siehe Fig. 69 und Lichtbild Fig. 70, Tafel V, die verwendete Schraube ist auf Fig. 98, S. 59, unter a dargestellt. Der Umfang der Schraube befand sich also 49 mm unter dem Wasser, während der Abstand von der geneigten Sohle von der Lage der Kähne zur Profilmitte abhing. Für die Mittellage ergibt sich, abgesehen von einer etwaigen Senkung des Hecks durch die Schraubenwirkung, ein Abstand zwischen Schraubenumfang und Sohle von 150 mm, der bei den Versuchen in der äußersten Seitenlage bei 450 mm Seitenverschiebung 122 mm betrug. Der als Norm festgesetzten Geschwindigkeit von 5 km/st oder 1,39 m/sk entsprechend fuhren die Modelle mit

$$1,39 \cdot \sqrt{1/10} = 1,39 \cdot 0,316 = 0,44 \text{ m/sk Geschwindigkei}.$$

Es wurde 4 mal nach je 1000 Fahrten das Kanalbett trocken gelegt und an 25 verschiedenen Stellen, die auf der ganzen Länge gleichmäßig verteilt

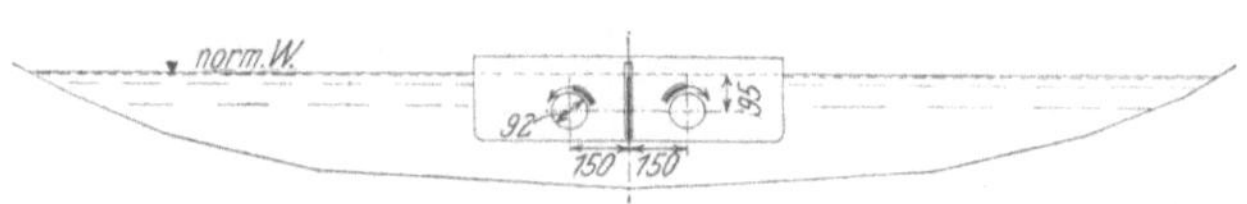

Schraubenmitte = 95 mm unter Wasser.   Schraubendurchmesser = 92 mm.
Nordseite.   Südseite.

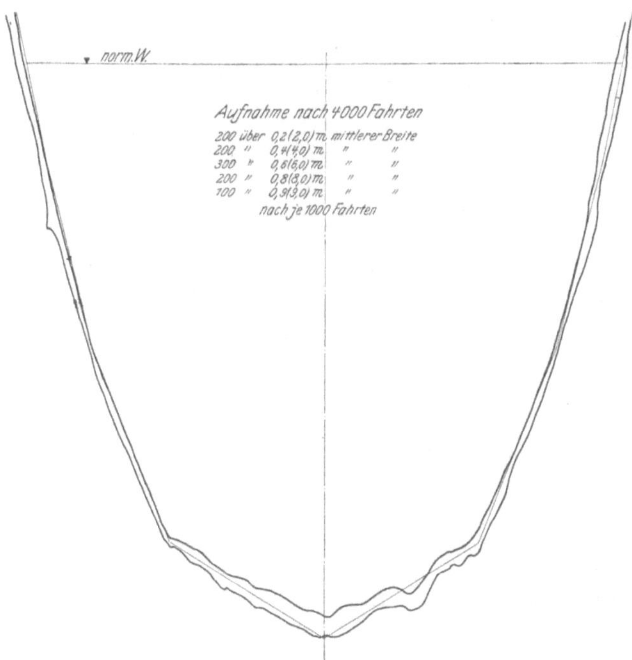

Fig. 69. Doppelschraubenschiff mit 1 Ruder. Schrauben über oben nach außen schlagend.
Profil des Rhein-Weser-Kanals.

waren, durch den Profilzeichner aufgenommen (vergl. auch Fig. 72 und 73). Von je 1000 Fahrten erstreckten sich

200 Fahrten über 20 cm Breite,
200   »   » 40 »   »
300   »   » 60 »   »
200   »   » 80 »   »
100   »   » 90 »   »

Die Verschiebung in der Breitenrichtung erfolgte ebenso wie die Umsteuerung bei der Richtungsumkehr selbsttätig, so daß Tag und Nacht gefahren werden konnte. Die Aenderungen der Sohle nach der 4000. Fahrt sind in Fig. 69 dargestellt, und zwar sind wie früher die Umhüllenden sämtlicher Profilaufnahmen gezeichnet, so daß sich die größten vorgekommenen Veränderungen aus der Darstellung ergeben (vergl. auch Lichtbild Fig. 72 und 73, Tafel VI),

Das Ergebnis dieses ersten Versuchs ist gleich ein äußerst günstiges; es hat sich zwar sehr bald eine deutliche Riffelbildung auf der Sohle gezeigt, doch blieb die Gestalt des Profils selbst nach 4000 Fahrten noch fast völlig unverändert, so daß also ein nennenswerter Einfluß der Schrauben auf die Sohle nicht hervortrat. An den Böschungen zeigte sich, abgesehen von sehr geringen Absenkungen, vor den den Kies stützenden Brettchen gar kein Angriff, nicht einmal Riffelbildung.

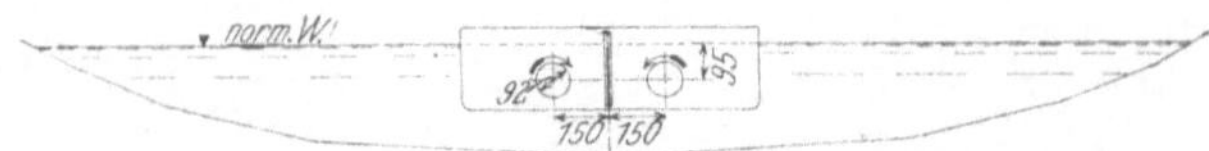

Schraubenmitte = 95 mm unter Wasser.   Schraubendurchmesser = 92 mm.
Nordseite.   Südseite.

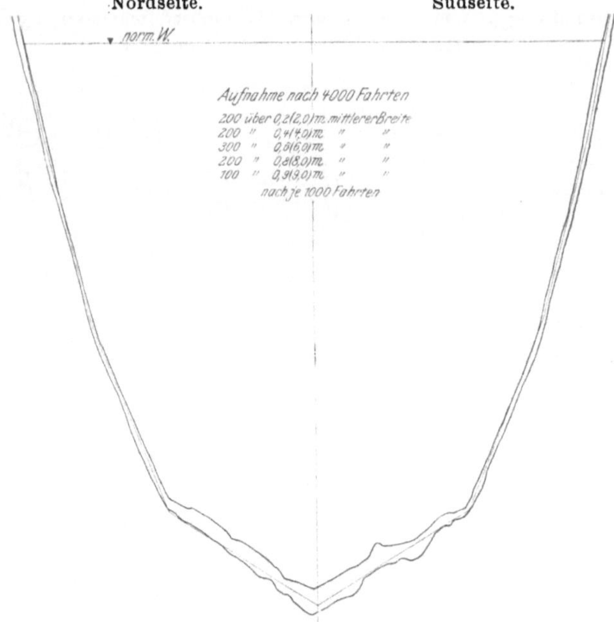

Fig. 74. Doppelschraubenschiff mit I Ruder. Schrauben über oben nach innen schlagend.
Profil des Rhein-Weser-Kanals.

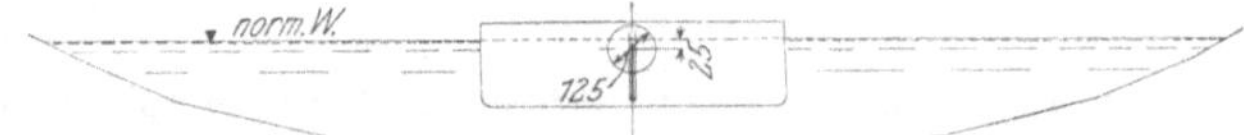

Schraubenmitte = 25 mm unter Wasser.   Schraubendurchmesser = 125 mm.
Nordseite.   Südseite.

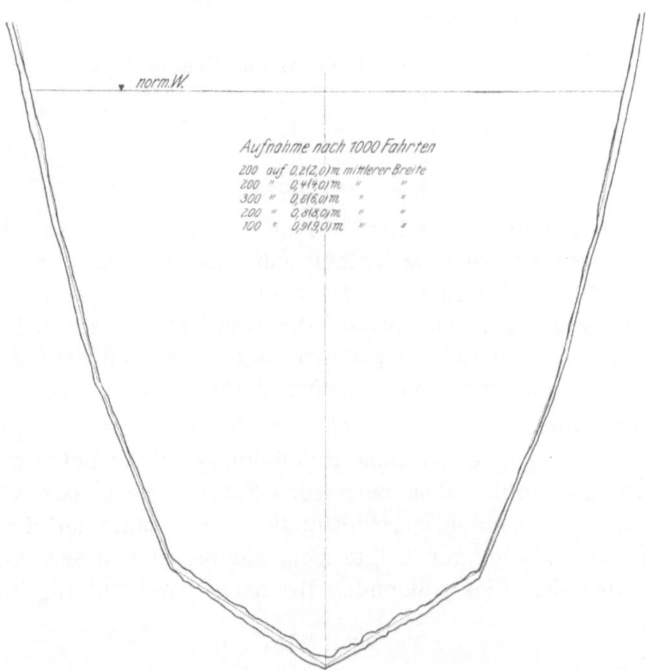

Fig. 75. Einschrauben-Tunnelschiff mit I Ruder. Profil des Rhein-Weser-Kanals.

Die Doppelschraubenanordnung mit nach innen schlagenden Schrauben war insofern ungünstiger, als hier die Umlaufzahl der Schrauben um etwa 15 vH vermehrt werden mußte, weil sie wegen starken Luftsaugens einen geringeren Wirkungsgrad ergaben. Im übrigen ist aber die Einwirkung auf die Sohle nach 4000 Fahrten in gleicher Weise gering, wie bei dem vorhergehenden Versuche. Die Ergebnisse sind in der Aufnahme Fig. 74 dargestellt, außerdem vergl. Lichtbild Fig. 70 und 71, Tafel V.

Vom 26. bis 29. Oktober wurden noch 1000 Fahrten mit Einschraubentunnelheckschiffen gemacht, wobei die 125 mm im Durchmesser große Schraube mit der Achse 25 mm unter dem Wasserspiegel lag (Anordnung siehe Fig. 75). Wie die Aufnahmen zeigen, trat hier ebenfalls keine erhebliche Profilveränderung ein; doch waren sowohl Sohle wie Böschungen mit leichten Riffeln bedeckt. Die Wasseroberfläche war aber derartig unruhig, daß eine ungünstige Einwirkung auf die Ufer in der Wasserspiegelgegend befürchtet werden muß, wenn sie auch am Modell nicht zu Zerstörungen führte.

Die Versuche mußten hier unterbrochen werden, da die Anstalt durch dringende Versuche der Marine in Anspruch genommen wurde.

Schlüsse aus den bisher ausgeführten Versuchen des Jahres 1909 für die Praxis und für die Fortführung der Versuche.

Da nach den bis dahin ausgeführten Versuchen die Ueberlegenheit der Zweischraubendampfer zweifellos festzustehen schien, so erklärten sich die maßgebenden Behörden den in Betracht kommenden Reedereien gegenüber bereit, bei Einführung des staatlichen Schleppmonopols die Uebernahme derjenigen Schleppdampfer in Aussicht zu nehmen, die unter Beachtung bestimmter Bedingungen noch beschafft würden. In diesen Bedingungen war bestimmt, daß die Schlepper als Doppelschraubenschiffe ausgeführt sein sollten; Einschraubendampfer sollten nur ausnahmsweise nicht ausgeschlossen sein, da sie später auf dem Rhein-Herne-Kanal Verwendung finden könnten. (Der Rhein-Herne-Kanal erhält eine größere Wassertiefe als die anderen in Betracht kommenden Kanäle.)

Diese Bedingung stand in Uebereinstimmung mit den aus dem Ergebnis der bisherigen Erfahrungen und Untersuchungen sich herausbildenden Anschauungen, daß die Schiffschraube möglichst weit von der Kanalsohle entfernt sein müsse, um sie als Treibmittel für den Schleppbetrieb auf Kanälen unter möglichster Vermeidung schädlicher Ausspülungen der Sohle überhaupt verwenden zu können.

Das Widerstreben der beteiligten Kreise der Staatsbauverwaltung und der Reedereien gegen den in der Anschaffung und im Betriebe im Vergleich zum Einschraubendampfer teureren Doppelschraubenschlepper brachte es mit sich, daß man auf den sogenannten Thornycroft- oder Tunnelheckdampfer, mit dem die Versuche im Jahre 1909 abgebrochen waren, große Hoffnung setzte. Bei diesen Schiffen ist ein großer Abstand der Schraube von der Kanalsohle wohl zu erzielen, aber man ist gezwungen, dann die Nachteile einer geringeren Manövrierfähigkeit, eines größeren Schiffsgewichts, eines geringeren Wirkungsgrades und einer teureren Heckform mit in den Kauf zu nehmen.

Fortsetzung der Versuche nach dem bisherigen Programm.

Bei Wiederaufnahme der Versuche im Februar 1910 wurden indessen wegen der oben angeführten ungünstigen Wirkung der Beunruhigung des Wasser spiegels die Versuche mit der hochliegenden Tunnelheckschraube nicht fortgesetzt, sondern statt dessen eine tiefer liegende Einzelschraube mit tunnelheckartiger Ueberdeckung gewählt. Die Oberkante der Schraube war in Wasserspiegelhöhe angeordnet, da bei einer höheren Lage die Rückwärtsfahrt der Dampfer schwierig und unsicher wird, so daß die Kollisionsgefahr sehr vermehrt werden würde (siehe Anordnung Fig. 77). Die Ueberdeckung hat hauptsächlich den Zweck, ein Luftsaugen der Schraube zu verhindern, was bei ihrer hohen Lage sonst eintreten und den Wirkungsgrad in hohem Maße herabsetzen würde.

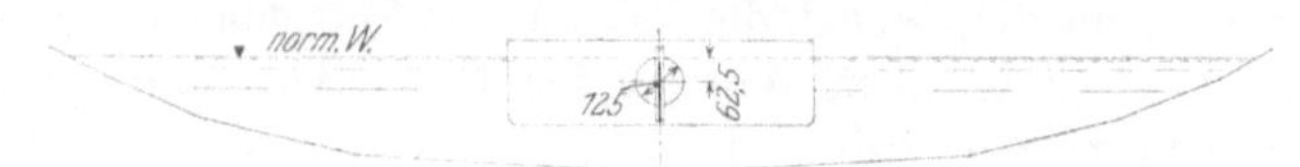

Schraubenmitte = 62,5 mm unter Wasser.   Schraubendurchmesser = 125 mm.
Nordseite.   Südseite.

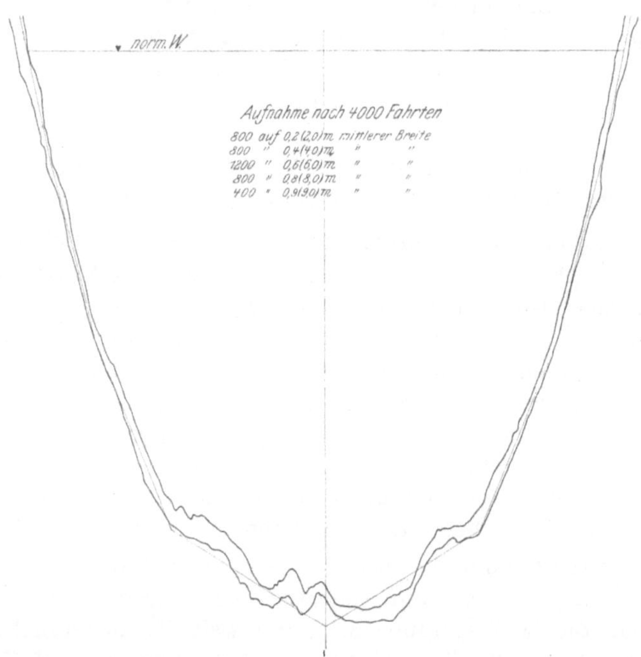

Fig. 77.   Einschraubenschiff mit Heckabdeckung und I Ruder.   Profil des Rhein-Weser-Kanals.

Das Ergebnis nach 4000 Fahrten war, wie es in Fig. 77 dargestellt ist, zwar bedeutend besser als bei der tief liegenden Einzelschraube, jedoch war die Sohle weit stärker angegriffen, als bei den Doppelschrauben (vergl. Lichtbild Fig. 78 und 79, Tafel VII).

B) Veranlassung zur Programmänderung.

Die Versuchsergebnisse führten somit jetzt zu einem Widerspruche mit der bisher durch die Versuche scheinbar befestigten Anschauung, daß lediglich die Nähe der Schraube zur Kanalsohle den Angriff verursache und seine Größe bedinge. Bei ganz hoch gelegener Schraube war zwar eine ausspülende Wirkung auf die Sohle des Kanalmodells des Rhein-Weser-Kanals nicht mehr nachzuweisen, aber schon wenn die verwendete Schraube bei den Modellversuchen so weit tiefer gelegt wurde, daß ihre Kreisfläche die Wasseroberfläche berührte, war eine sehr merkliche Ausspülung vorhanden. Dabei war die Unterkante der Kreisfläche der Schraube des Tunnelheckdampfers noch um etwa 2 cm (20 cm) weiter von der Sohle entfernt gewesen, als die der kleineren Schrauben des untersuchten Doppelschraubenschleppers, die doch keine Ausspülung hervorgerufen hatten.

Die Ursache dieses ungünstigen Ergebnisses des Einschraubenschiffes im Vergleich zum Doppelschraubenschiff suchte der neue Leiter der Schiffbauabteilung, Herr Dr.-Ing. Gebers, darin, daß beim Doppelschraubenschiff der Schraubenstrom sich frei und ungehindert fortbewegen kann, während bei der Einzelschraube mit einfachem Ruder in der Mitte der Schraubenstrom sich nicht nur an dem Ruderschaft stößt, sondern ganz besonders durch das Ruderblatt in seiner Drehbewegung abgelenkt wird. Hierdurch wird das Wasser veranlaßt, sich unter dem Ruder hindurch einen Weg zu suchen, so daß gleichsam eine spülbaggerartige Wirkung entsteht. Um diese ungünstige Beeinflussung des Schraubenstrahls in einfacher Weise und mit geringen Kosten zu beseitigen, schlug er vor, statt eines Ruders in der Mitte des Schraubenstromes zwei Ruder seitlich davon anzuordnen. Man erreicht dann im wesentlichen dieselben Vorteile, wie beim Doppelschraubenschiff, wo die beiden Schraubenströme seitlich von dem in der Mitte befindlichen Ruder vorbeigehen, vermeidet aber die in der Neuanschaffung und im Betrieb erheblich teuere Anordnung der doppelten Maschinen und auch die ungünstige Wirkung der kleinen Schrauben.

Erläuterungen über die Strömungsverhältnisse im Schraubenstrahl.

In diesem letzten Vorschlage war eine für Kanalschlepper gänzlich neue Anordnung enthalten, deren Begründung in der Erkenntnis der Wasserbewegung durch die Schiffschraube liegt und hier kurz nach den eigenen Angaben des Dr.-Ing. Gebers Platz finden soll.

In Fig. 80a ist der Längsschnitt durch einen Schraubenstrahl schematisch dargestellt. Die einzelnen gekrümmten Linien sind Schnitte durch zylindrische Drehkörper, auf deren Mantel ein Wasserteilchen, wie die Fig. 80b zeigt (sich gleichzeitig um die Achse des Schraubenstrahles drehend), in einem Spiralwirbel fortbewegt wird. Fig. 80c zeigt die Zerstörung dieses Spiralwirbels durch

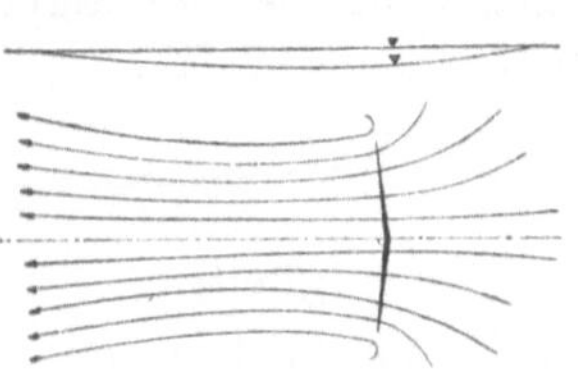

Fig. 80a. Längsschnitt durch den Schraubenstrahl.

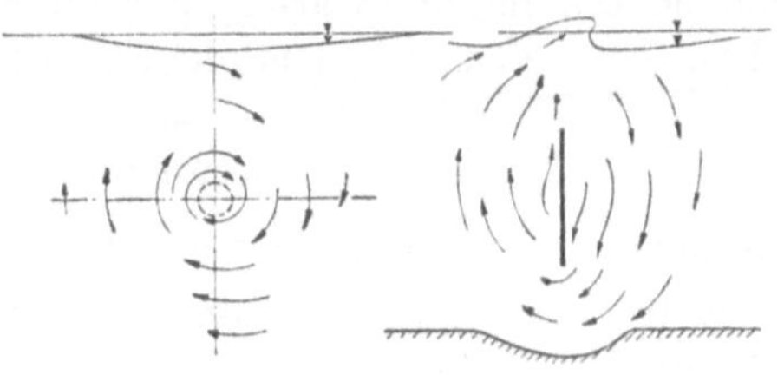

Fig. 80b. Querschnitt durch den Schraubenstrahl.

Fig. 80c. Querschnitt durch Schraubenstrahl und Ruder.

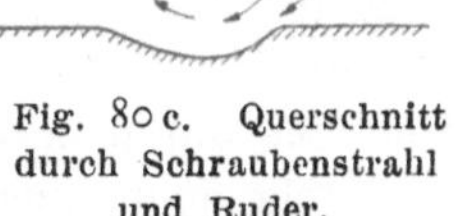

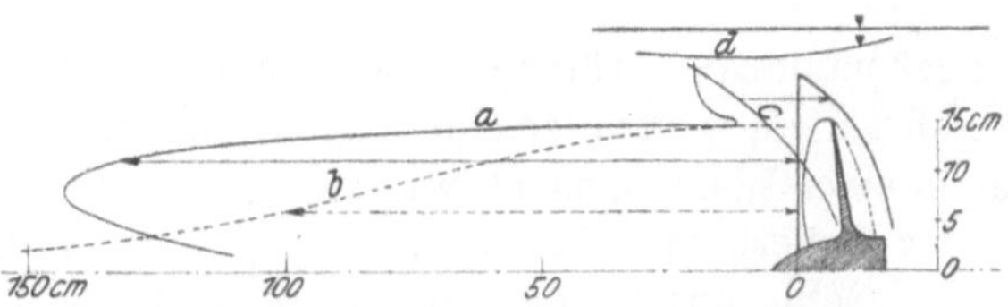

a axiale Geschwindigkeit hinter dem Propeller.   *c* axiale Geschwindigkeit vor dem Propeller.
b tangentiale   »   »   »   »   *d* Einsenkung.

Fig. 80d. Größe der Wassergeschwindigkeit bei etwa 45 vH Slip.

ein Ruderblatt. Die Wasserteilchen werden hier gegen die Kanalsohle und nach oben gegen die Oberfläche abgelenkt. Es entsteht oben eine Welle und unten, wenn der Boden getroffen wird, die gefürchtete Sohlenausspülung. Fig. 8od gibt ein Bild von der Größe der absoluten Wassergeschwindigkeit in axialer und tangentialer Richtung durch die Einwirkung einer arbeitenden Schiffschraube bei etwa 45 vH Slip[1]).

Bei Schleppdampfern ist die absolute Wassergeschwindigkeit entsprechend dem größeren Slip noch bei weitem größer. Allerdings wird auch der ungestörte Schraubenstrahl infolge der Fliehkraftwirkung irgendwo die Sohle erreichen, aber die Berührungsstelle wird dann mehr nach hinten verschoben sein, wo sich die Geschwindigkeit der Wasserteilchen soweit vermindert hat, daß ein Aufwirbeln des Bodens nicht mehr oder wenigstens nicht im gleichen Maße stattfindet, wenn die Schraube selbst ihm nur nicht allzu nahe ist. Wie weit solche Annäherung möglich ist, darüber kann durch Versuche Aufklärung erlangt werden. (Vergl. auch Sonderversuche weiter unten.)

Versuche mit Doppelruderanordnung.

Um die Richtigkeit dieser Erwägungen darzutun, wurde die vorgeschlagene Doppelruderanordnung in das Modellschiff des vorigen Versuchs eingebaut (die Form der Ruder ist auf dem Lichtbilde Fig. 95, S. 57, unter C zur Darstellung gebracht) (Schraubenoberkante in Wasserspiegelhöhe mit Hecküberdeckung, vergl. schematische Darstellung Fig. 81) und das Schiff dann aufs neue für 4000 Fahrten in Tätigkeit gesetzt.

Das Ergebnis war, wie die Aufnahmen Fig. 81 zeigen, ein sehr günstiges und hat die vorstehenden Ausführungen vollauf bestätigt. Es hat sich so gut wie gar keine Veränderung des Profils gezeigt; auch die Riffelbildung ist nur gering. Das Wasser zeigte viel schwächere Wellen und blieb klarer als bei einem Ruder in der Mitte. Unter diesen Umständen erschien es der Zeitersparnis halber zweckmäßig, die im ursprünglichen Programm noch vorgesehenen Versuche mit einem Doppeltunnelheck, welches in der praktischen Ausführung kostspielig und mit mancherlei Nachteilen verbunden sein würde, fallen zu lassen, um genügend Zeit für die Klärung der für das gegebene Ziel wichtigen Fragen zu behalten. (Vergl. auch Lichtbild Fig. 82 und 83, Tafel VIII).

Sonderversuche.

Besonders waren folgende beide Fragen von Wichtigkeit:

»Wie tief darf praktisch die Schraube bei Doppelruderanordnung gelegt werden?« und

»Hat eine auf neuere Erfahrung gegründete Schraubenkonstruktion einen besseren Erfolg auch hinsichtlich der Einwirkung auf die Sohle, als die bisher verwendete?«

Aus Zeitmangel mußte bei Prüfung dieser Fragen die bisherige Vergleichsgrundlage (4000 Fahrten mit Seitenverschiebung) verlassen werden. Es wurden dafür 400 Fahrten in einer Linie gemacht, und zwar auf beiden Seiten etwa in den äußersten Lagen der bisherigen Seitenverschiebung, um für den Versuch unbeschädigte Stellen der Sohle anzutreffen und zwischen je zwei Sonderversuchen

---

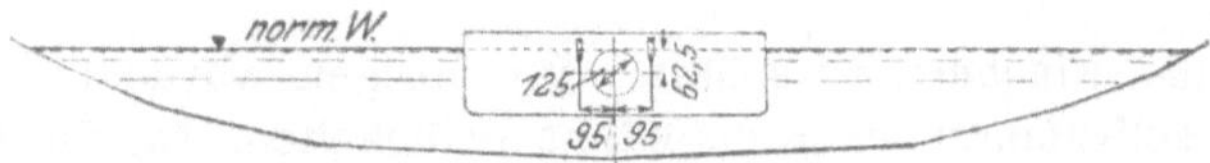

Schraubenmitte = 62,5 mm unter Wasser.   Schraubendurchmesser = 125 mm.
Nordseite.   Südseite.

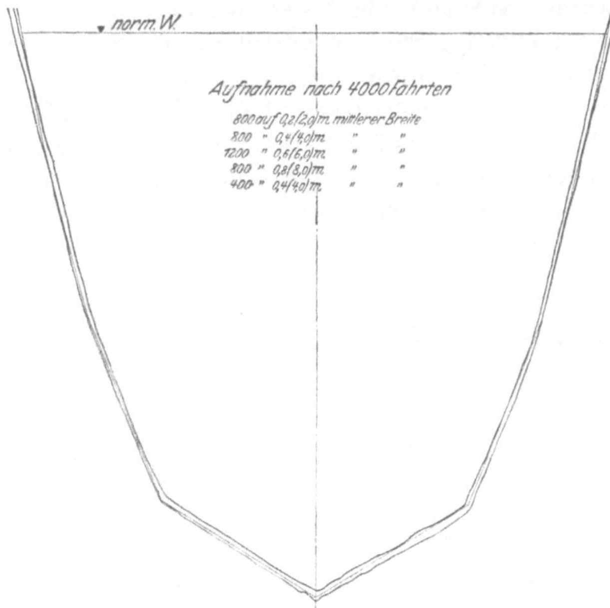

Fig. 81.   Einschraubenschiff mit Heckabdeckung und Doppelrudern.   Profil des Rhein-
Weser-Kanals.

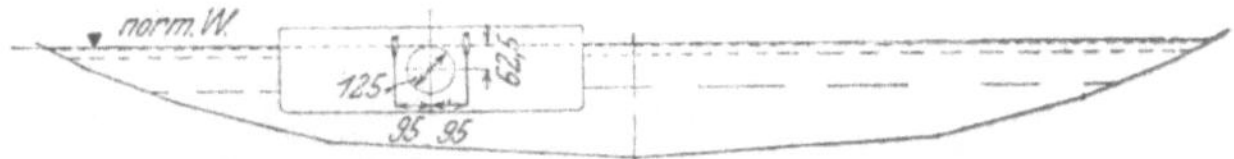

Schraubenmitte = 62,5 mm unter Wasser.   Schraubendurchmesser = 125 mm.
Nordseite.   Südseite.

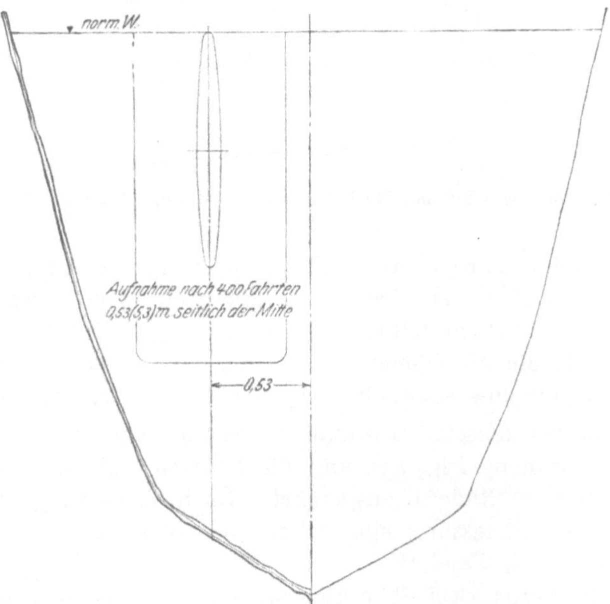

Fig. 84.   Einschraubenschiff mit Heckabdeckung uud Doppelrudern.   Frofil des Rhein-
Weser-Kanals.

die Zeit für das Einebnen zu sparen. Im übrigen wurde die alte Versuchsanordnung der selbstfahrenden Kanalkähne beibehalten. Da die letzten Versuchsfahrten die Kanalsohle merklich nicht angegriffen hatten, so wurde von einem Einebnen der Sohle auch vor den Sonderversuchen abgesehen. Jedesmal nach 400 Fahrten wurde das Wasser abgelassen und die Aenderung der Sohle mittels Profilzeichners aufgemessen, während unterdessen die Schraubenstellung für den nächsten Versuch geändert wurde.

Da bereits die Doppelruderanordnung mit hochliegender Schraube (Schraubenkreis den Wasserspiegel berührend) in bisheriger Weise mit 4000 Fahrten untersucht war, so wurden, um den Anschluß an diese alte Vergleichsgrundlage zu erhalten, dieselben Kahnmodelle unverändert in der neuen

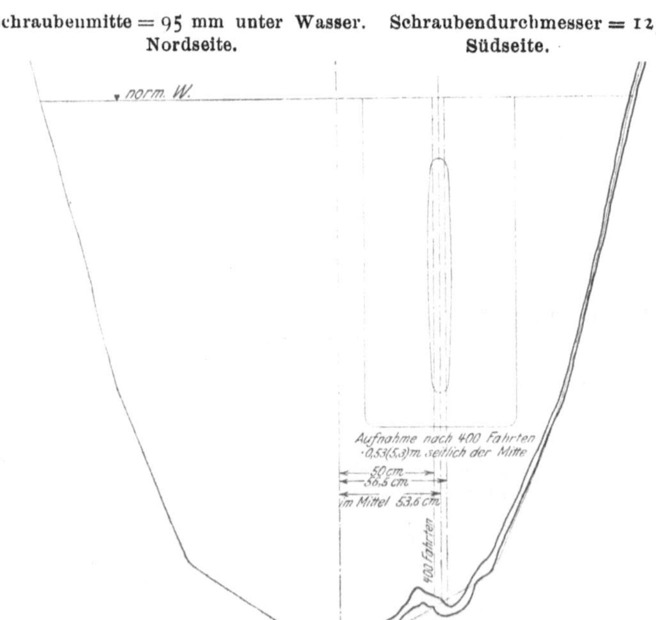

Schraubenmitte = 95 mm unter Wasser.   Schraubendurchmesser = 125 mm.
Nordseite.   Südseite.

Fig. 85.   Einschraubenschiff mit Heckabdeckung und Doppelrudern.   Profil des Rhein-Weser-Kanals.

Weise mit 200 Doppelfahrten auf der Nordseite in Betrieb gehalten. 115 Doppelfahrten wurden dabei in der alten Weise mit nach außen gelegten Rudern, die übrigen 85 mit gerade gestellten Rudern erledigt. Eine Einwirkung auf die Sohle konnte, wie die Aufnahmen Fig. 84 zeigen, ebenso wie früher, nicht festgestellt werden, nur eine schwache Riffelbildung war vorhanden.

Darauf wurde dieselbe Schraube in jedem Kahn um 32,5 mm tiefer gelagert (siehe Anordnung Fig. 85) und die Fahrten auf der linken Kanalseite mit gerade gelegten Rudern ausgeführt. Nach Vollendung der 200 Doppelfahrten ergab die Aufmessung eine erhebliche Sohlenausspülung (siehe Fig. 85 und Lichtbild Fig. 86, Tafel IV).

Inzwischen waren zwei Schrauben angefertigt mit einem größeren Durchmesser von 140 mm, von deren Konstruktionsverhältnissen man sich eine

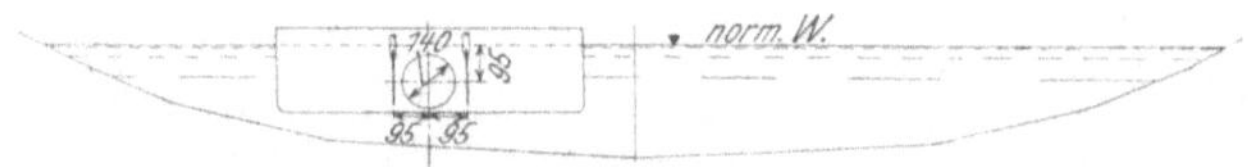

Schraubenmitte = 95 mm unter Wasser.   Schraubendurchmesser = 140 mm.
Nordseite.   Südseite.

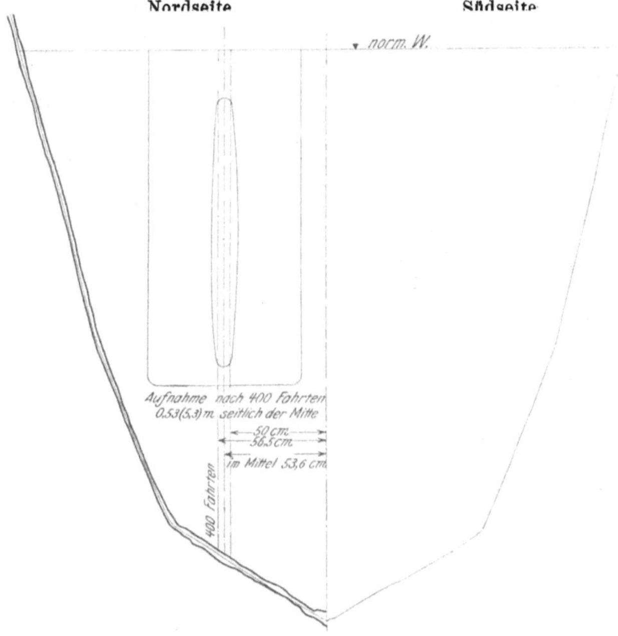

Fig. 87.   Einschraubenschiff mit Heckabdeckung und Doppelrudern.   Profil des Rhein-Weser-Kanals.

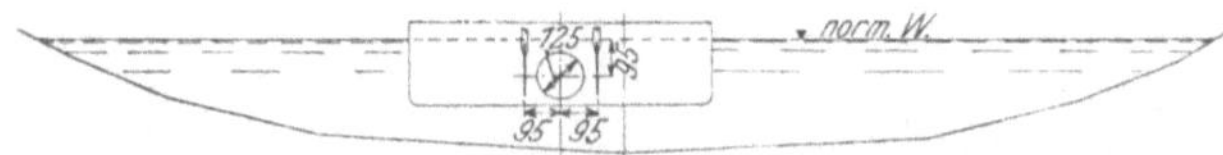

Schraubenmitte = 95 mm unter Wasser.   Schraubendurchmesser = 125 mm.
Nordseite.   Südseite.

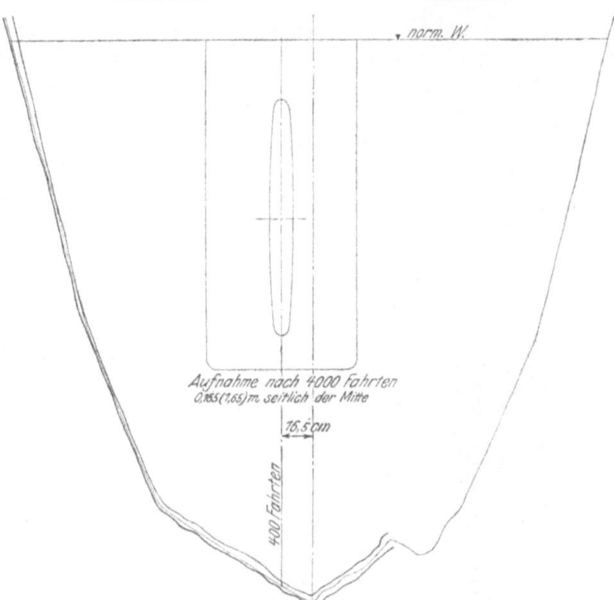

Fig. 90.   Einschraubenschiff mit Heckabdeckung und Doppelrudern.   Profil des Rhein-Weser-Kanals.

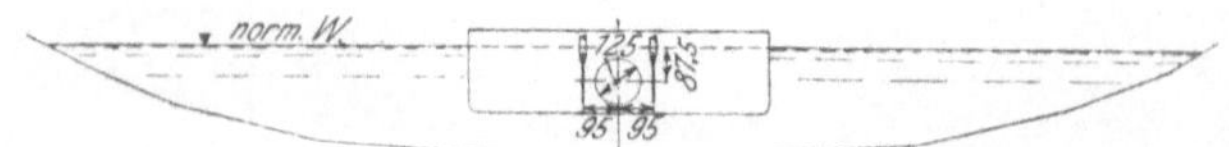

Schraubenmitte = 87,5 mm unter Wasser.   Schraubendurchmesser = 125 mm.
Nordseite.   Südseite.

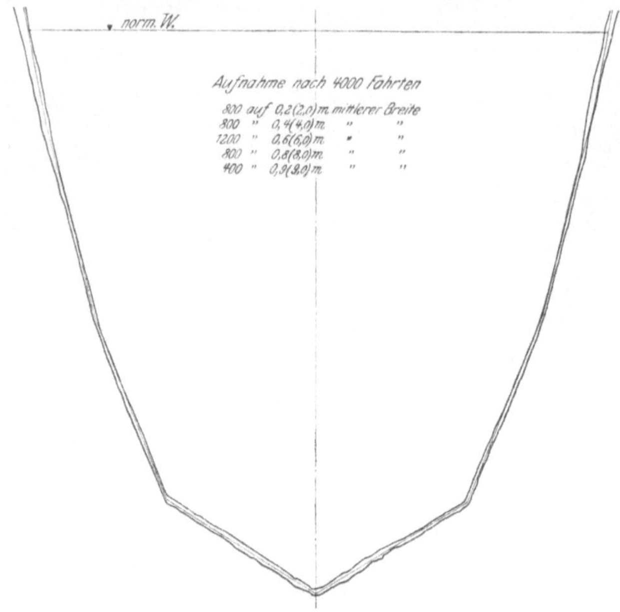

Fig. 92.   Gewöhnliches Einschraubenschiff mit Doppelrudern.   Profil des Rhein-Weser-Kanals.

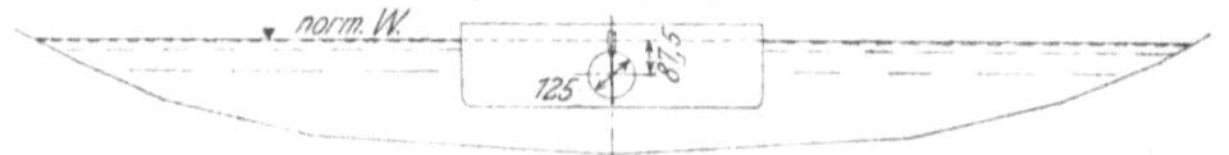

Schraubenmitte = 87,5 mm unter Wasser.   Schraubendurchmesser = 125 mm.
Nordseite.   Südseite.

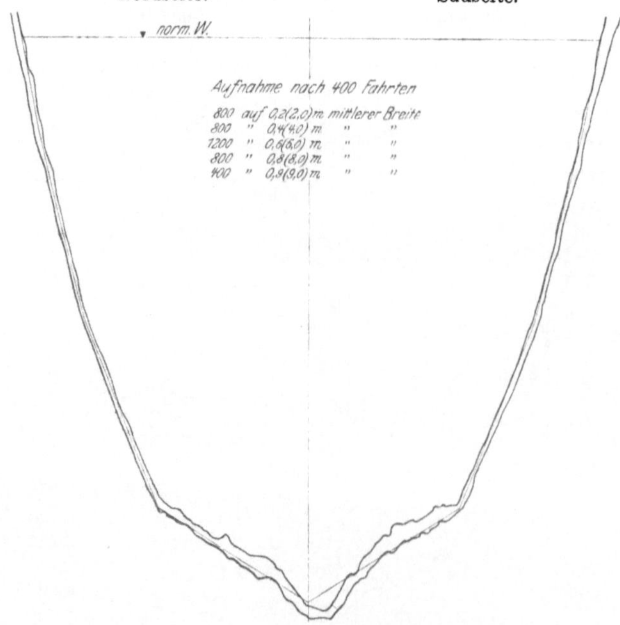

Fig. 93.   Gewöhnliches Einschraubenschiff mit 1 Ruder.   Profil des Rhein-Weser-Kanals.

günstigere Wirkung versprach (Lichtbild Fig. 98 unter c). Die für den vorherigen Versuch getroffene Achsenlage blieb unverändert, nur wurden an Stelle der alten Schrauben von 125 mm Dmr. die neueren größeren aufgesteckt, mithin lag die Schraubenachse 95 mm unter dem Wasserspiegel in der Ruhe. Während der Fahrt erhielten die Modelle eine hintere Trimmlage von —5mm, so daß sich der tiefste Punkt der Schraubenkreisfläche entsprechend der seitlichen Krümmung in der Fahrtlinie von etwa 10,7 bis auf 10,2 cm während einer Fahrt der Kanalsohle näherte. Die Kahnmodelle erledigten ihre 200 Doppelfahrten auf der rechten Kanalseite bei gerader Ruderlage mit einer noch im Durchschnitt etwas größeren Geschwindigkeit als bei den Fahrten mit der kleineren Schraube. Trotzdem war eine Sohlenausspülung nicht festzustellen (vergleiche Aufnahme Fig. 87 und Lichtbild Fig. 88 und 89, Tafel IX). Der Versuch hatte somit den erwarteten Erfolg der neuen Schraubenkonstruktion bestätigt.

Da eine tiefere Lagerung der Schraube und eine noch größere Annäherung an die Sohle bei etwaigem seitlichem Ausweichen der Schiffe nicht mehr in Frage kamen, konnte man sich mit der größeren Schraube auf diese eine Untersuchung beschränken und verwendete die noch zur Verfügung stehende Zeit darauf, mit der kleineren alten Schraube (Lichtbild Fig. 98 unter b) und mit einer zwischen den beiden untersuchten Höhenlagen liegenden mittleren Entfernung von der Sohle noch 200 Doppelfahrten auszuführen. Diese mittlere Entfernung stellte man dadurch her, daß man die Kähne mehr in der Kanalmitte hin und her fahren ließ. Wie die Aufmessung ergab, hatte jetzt auch die kleinere Schraube keine Einwirkung mehr auf die Sohle (siehe Aufnahme Fig. 90 und Lichtbild Fig. 91, Tafel IX).

Ergänzung der Versuche durch Fahrten mit gewöhnlicher Schraubenanordnung und gewöhnlicher Heckform.

Zur Vervollständigung der bisher gewonnenen Ergebnisse erschien es notwendig, nun noch einwandfreie Versuche auf der bisherigen Vergleichsgrundlagen von 4000 Fahrten mit dem gewöhnlichen normalen Einschraubenschiff, und zwar sowohl mit zwei seitlichen statt eines mittleren Ruders als auch mit einem einzigen Mittelruder anzustellen, damit erkannt werden konnte, ob die Anwendung des Doppelruders allein schon imstande ist, die schädlichen Angriffe auf die Sohle herunterzusetzen.

Diese Versuche gelangten im April 1910 zur Ausführung, (vgl. Fig. 92 u. 93). Dabei wurde an Stelle des großen Kahnruders ein kleineres Dampferruder an-

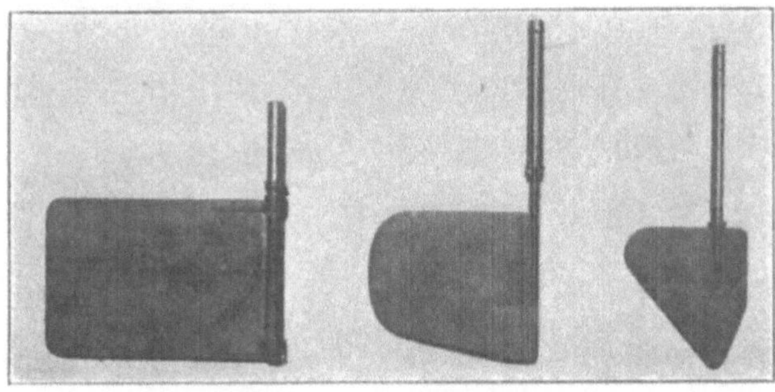

a   b   c   d   e

Fig. 95. Kahnruder   Dampferruder
a und b für Einruder-, c für Doppelruderanordnung.   d für Einruder-, e für Doppelruderanordnung.

gebracht. Bemerkenswert aus den anschließenden Untersuchungen und Aufnahmen ist das Ergebnis, daß auch bei einem (im Vergleich zu dem früher verwendeten Schleppkahnruder) bedeutend verkleinerten Dampferruder (vergl. Lichtbild Fig. 95 unter a und b) und der Schraube von 125 mm Durchmesser, die mit der Achse 87,5 mm unter dem Wasserspiegel lag, wieder nach den üblichen 4000 Fahrten mit Seitenverschiebung bedeutende Sohlenausspülungen zu sehen waren, während unter den gleichen Verhältnissen bei Anordnung von Doppelrudern mit zusammen der gleichen Ruderfläche solche überhaupt nicht festgestellt werden konnten und ihre Wirkung somit noch günstiger war, als die der früheren Doppelschraubenmodelle (vergl. die Aufmessungen Fig. 92 und 93, sowie Lichtbild Fig. 94, Tafel IX).

C) Erwägungen über die Ausführung des Schlußversuches mit besonderen Schleppermodellen.

Infolge dieser günstigen Ergebnisse mit der Doppelruderanordnung hoffte man, in der neuen Bauart eine für Kanäle geeignete Schleppdampferkonstruktion gefunden zu haben, und entschloß sich darum, die Schlußversuche mit einem Schleppzugmodell anzustellen, bei dem Dampfermodelle mit Doppelruderanordnung Verwendung finden sollten.

Es waren dafür folgende Erwägungen maßgebend:

1) Die an Stelle von Schleppdampfermodellen verwendeten selbstfahrenden Kanalkahnmodelle müssen durch ihre erheblich größeren Längen, Oberflächen und Querschnittverhältnisse eine Wasserbewegung einleiten, die

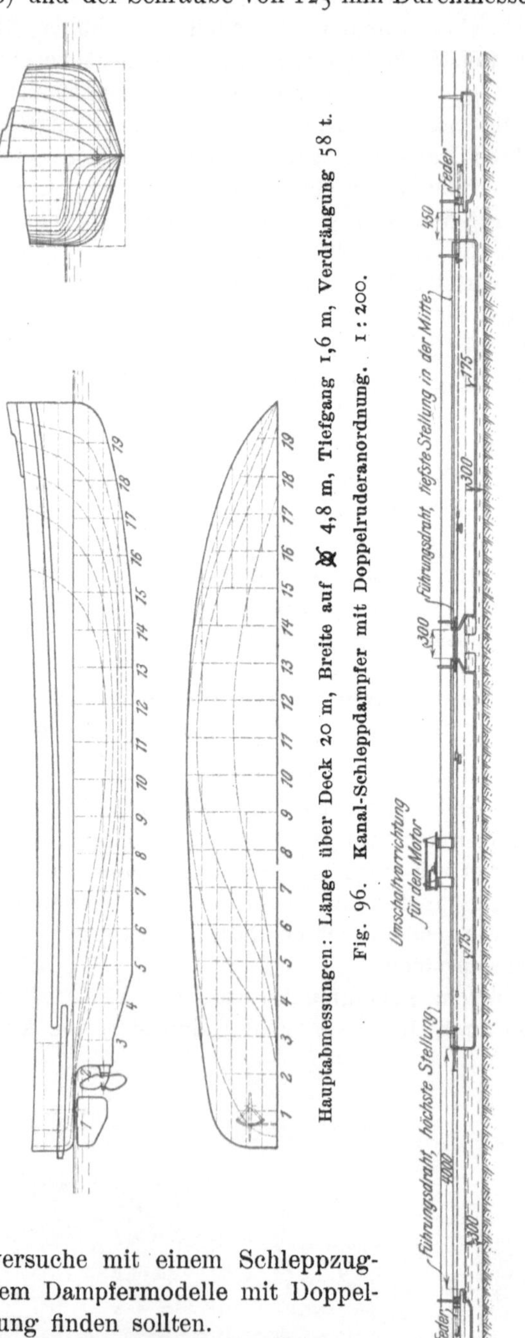

Hauptabmessungen: Länge über Deck 20 m, Breite auf ⌀ 4,8 m, Tiefgang 1,6 m, Verdrängung 58 t.

Fig. 96. Kanal-Schleppdampfer mit Doppelruderanordnung. 1 : 200.

Fig. 97. Schema des Schleppzuges, bestehend aus zwei Kanalkähnen und zwei Doppelruderdampfermodellen. 1 : 125.

nicht der eines Schleppdampfermodelles entspricht, auch muß ihre Trimmlage und damit ihre Neigung der Schraubenachse eine abweichende sein.

2) Die verwendeten Schrauben sind der Schraube eines selbstfahrenden Kanalkahnes nachgebildet, sie sind für den Schleppdampfer wahrscheinlich in ihren Konstruktionsverhältnissen zu verbessern (vergl. die bezüglichen auf S. 52 u. f. angeführten Sonderversuche).

3) Die verwendeten Kanalkahnmodelle hatten zwar eine größere Schärfe besonders achtern erhalten, um sie dampferähnlicher auszugestalten; sie hatten aber im Vergleich zum Schleppdampfer ein zu großes Ruder, dessen Abmessungen 2,22 zu 1,5 m im großen betrugen.

Aus diesen Erwägungen heraus ist der Schlußversuch, bei dem es nicht mehr auf die Klärung der Einzelfragen, sondern vielmehr auf eine Darstellung der guten gesamten Wirkung der vorzuschlagenden Anordnung ankommt, in folgender Weise ausgeführt:

Anstatt der Schleppkahnmodelle sind Dampfermodelle nach besonderer Entwurfskizze der Schiffbauabteilung (siehe Zeichnung Fig. 96), verwendet und mit den Schleppkahnmodellen zu einem Schleppzug vereinigt, (siehe Zeichnung Fig. 97), da die Rechnung ergab, daß der Antriebmechanismus bei Verzicht auf die bisher verwendete Einrichtung der Seitenverschiebung auch in den kleinen Dampfermodellen unterzubringen ist.

Da der Zug in der Schlepptrosse im großen nach der Erfahrung bei den vorgesehenen 120 PS und 5 km stündlicher Geschwindigkeit etwa 1440 bis 1500 kg beträgt, so ist auch der entsprechende Zug im Modell zu 1440 bis 1500 g entsprechend dem Maßstabe 1 : 10 angenommen. Die geschleppten Kanalmodelle sind so beladen, daß dieser Zug für die Erreichung einer Geschwindigkeit von 0,44 m in der Sekunde (5 km in der Stunde im großen) genügt. Die Umlaufzahl der Schrauben ist danach bemessen.

Die Schrauben sind durch größere, in ihren Abmessungen mehr den neueren Erfahrungen entsprechende ersetzt. (Lichtbild Fig. 98 unter c.)

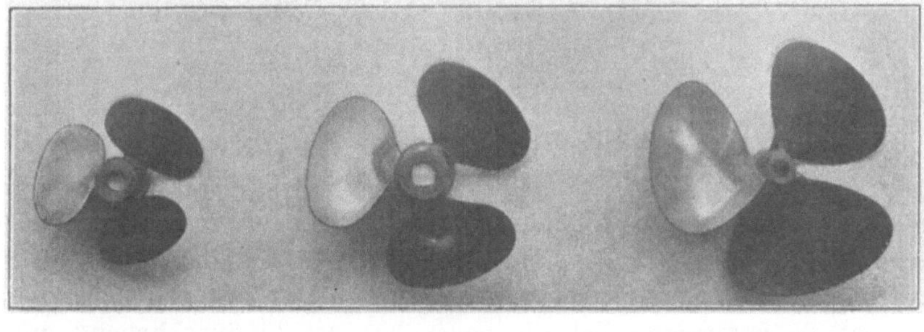

Fig. 98. Die bei den Kanalmodellversuchen verwendeten Schrauben.

Der Modellschleppzug hat sich in der Kanalmitte bewegt. Die Seitenverschiebung war aufgegeben, weil Entwurf und Ausführung der Vorrichtung dazu für die Dampfermodelle einen zu großen Zeitaufwand erfordert hätte, und weil die Ausspülung der Sohle, die sich bei den bisherigen Versuchen am größten nahe der Mitte ausgebildet hatte, durch die Fahrten seitlich teilweise wieder zugeworfen wird.

Entwurf des Schleppdampfers.

Für den neuen Kanalschlepper wurden im großen nach dem besonderen Entwurf folgende Abmessungen gewählt und für die Ausführung vorgeschlagen. (Siehe Lichtbilder Fig. 99 und 100.)

Länge über Deck . . . . 20 m
Breite auf Deck . . . . 4,8 »
Tiefgang voll ausgerüstet . . . . 1,6 »
Verdrängung[1]) . . . . 58 t
Schraubendurchmesser . . . . 1,4 m
Umlaufzahl der Schraube etwa 180 in 1 Minute.

Die auf Grund dieser Abmessungen entworfenen Linien sind in Fig. 96 wiedergegeben. Dem Heck ist eine solche Form gegeben, die die Ruder gut schützt und ein Ansaugen von Luft durch die Schraube möglichst vermeidet. Die Ruder sind als Balanceruder ausgebildet mit nur geringer Höhe,

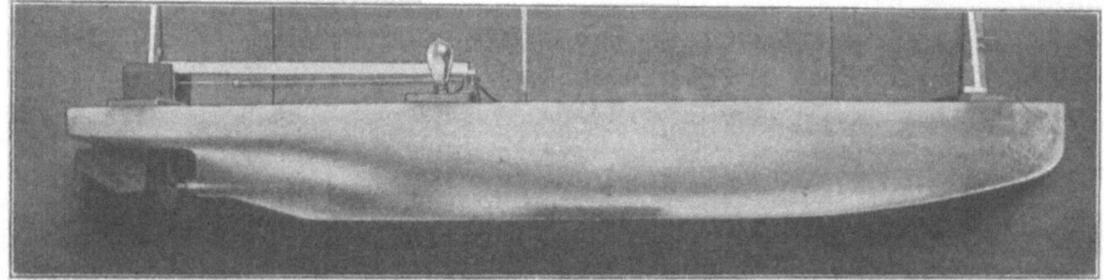

Fig. 99. Kanalschleppermodell, von der Seite gesehen.

Fig. 100. Kanalschleppermodell, von hinten gesehen.

um die Beanspruchung des Schaftes in seiner Lagerung gering zu halten. Außerdem ist das hintere Blatt unten abgeschnitten, um beim Wenden ein Berühren der Kanalböschung möglichst zu vermeiden. Der Abstand der Ruder voneinander ist so bemessen, daß die Schraube frei hindurchgehend aufgesetzt werden kann. (Vergl. Fig. 100.) Die Schraube hat bei einem Durchmesser von 140 mm im Modell (siehe Fig. 98 unter c), eine radial veränderliche Steigung von 138 bis 174 mm und befindet sich 85 mm mit der Achse unter Wasser, so daß der größte Abstand ihrer Kreisfläche von der Kanalsohle 145 mm im Ruhestande war.

Die Modelle wurden im Maßstabe 1 : 10 aus Paraffin hergestellt und von einem Elektromotor von $^1/_{16}$ PS angetrieben. Zur Bestimmung der Zugkraft in

---

[1]) Die Wasserverdrängung wurde nach der Ausführung der Versuche auf 67 t vergrößert, um Kohlen für die ganze Strecke Bevergern-Hannover an Bord nehmen zu können.

der Schlepptrosse diente eine geeichte Schraubenfeder, deren Spannung an einer Teilung abgelesen werden konnte (Lichtbild Fig. 99).

Der Modellschleppzug bestand aus je einem Dampfermodell vorn und achtern und zwei Kahnmodellen in der Mitte. Die äußeren beiden Schiffe an jedem Ende waren mit ihren Hecken der Mitte des Schleppzuges zugekehrt, weil in dem Kanalmodell hin- und hergefahren werden mußte. Die Schlepptrosse, bestehend aus einem Leitungsdraht, lief über den ganzen Schleppzug und wurde von dem schleppenden Modell so weit gegen Knaggen durchgeholt, daß der Abstand des Schleppers von dem ersten Kahnmodell 4 m betrug und die geschleppten Schiffe sich eng zusammenschlossen (siehe Fig. 97).

Die Stromzuführung erfolgte einmal durch den Draht, an dem die Modelle durch Führungsrollen geführt waren, sodann durch Führungsrollen an einem besonderen Leitungsdraht. Die Umschaltung der Motoren geschah selbsttätig wie hisher.

Schlußversuch mit einem Schleppzuge, bestehend aus zwei Schleppdampfern und zwei Kähnen.

Die beiden Kanalkahnmodelle waren die früher schon als Selbstfahrer benutzten Kähne von 6,5 m Länge, 0,8 m Breite, 0,176 m Tiefgang und 750 kg Verdrängung. Ende Mai begannen die Fahrten in dem neu eingeebneten Kanalmodell des endgültigen Profils des Rhein-Weser-Kanals; die Geschwindigkeit hat im Mittel 43¹/₂ cm/sk betragen. Die Umlaufzahl der Schraube war dabei

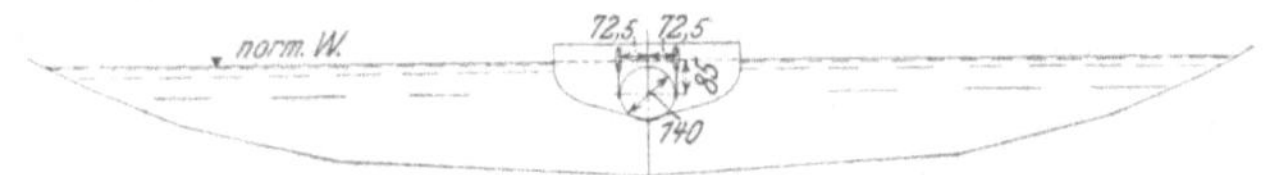

Schraubenmitte = 85 mm unter Wasser. Schraubendurchmesser = 140 mm.
Nordseite. Südseite.

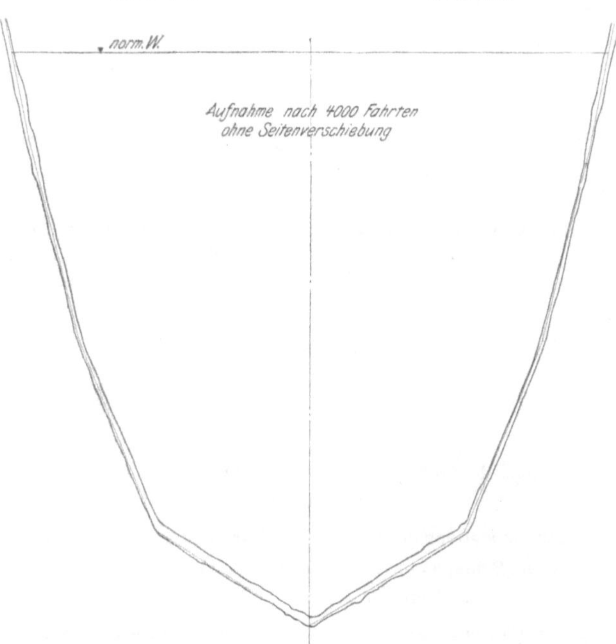

Fig. 101. Kanalschlepper mit Doppelrudern. Profil des Rhein-Weser-Kanals.

9,1 in der Sekunde und entsprach 173 Uml./min im großen. Der Zug in der Schlepptrosse betrug 1450 bis 1500 g.

Bei Aufmessung des Kanalprofils am 9. Juni zeigte es sich nach 2000 Doppelfahrten völlig unverändert (siehe Fig. 101); auch von einer Riffelbildung war kaum etwas zu sehen. Das günstige Ergebnis hatte sich schon während der Fahrt dadurch gezeigt, daß das Wasser vollkommen klar blieb und auch die feinen Sandteile nicht aufgerührt wurden. Das Ergebnis ist erreicht, trotzdem die Dampfermodelle wegen ihrer geringen Länge wesentlich schräger trimmten als früher die Schleppkahnmodelle und somit auch den Schraubenstrahl schräger gegen den Boden werfen mußten, und trotzdem die Schleppzugmodelle ihre Fahrten ohne Seitenverschiebung auf derselben Linie erledigten und damit den Sohlenangriff an dieser Stelle verstärkten.

Sonderversuch mit am Orte arbeitendem Dampfer.

Die Ueberlegenheit der Doppelschraubenanordnung zeigte sich auch noch bei einem letzten kleinen Sonderversuche mit am Ort arbeitenden Dampfermodellen, der in Nachahmung eines vom Hauptbauamt in Potsdam am Großschiffahrtsweg Berlin-Stettin im großen ausgeführten Versuches angestellt wurde. Das eine Modell erhielt an Stelle seiner beiden Ruder nur ein Dampferruder in der gewöhnlichen Ausführung, Fig. 95 unter d. Das andere behielt die Doppelruderanordnung; beide wurden in der Kanalmodellmitte fest vertäut. Die Stromstärke wurde so bemessen, daß beide 1500 g Zug ausübten. Nach einer Stunde wurden die ausgespülten Löcher trocken gelegt und aufgemessen. (Aufnahmen Fig. 102a und b, sowie Lichtbilder Fig. 103 und 104, Tafel IX).

Es zeigte sich, daß auch in diesem Falle der Einruderschlepper ein weit größeres Loch in den Boden gespült hatte als der Doppelruderschlepper. Bei der Einwirkung der Einruderanordnung fällt besonders die starke seitliche Auflandung im Querschnitt auf, Fig. 102b.

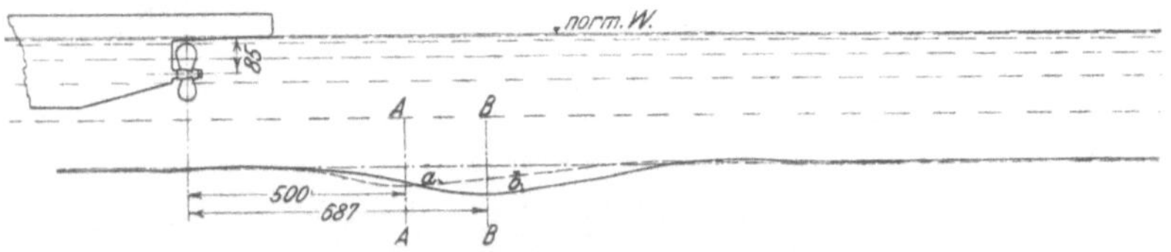

a. **Längsschnitt durch das Hinterschiff des Dampfers und Schnitte** *A-A* **und** *B-B* **durch die Kanalsohle.**

————— = Einruderanordnung.   — · — · — = Doppelruderanordnung.

b. **Querschnitte durch die größten Austiefungen der Kanalsohle.   Lage der Schraube des Dampfers.**

Fig. 102a und b.   Kanalmodellversuche.   1 : 10.   Darstellung der Einwirkung der Schrauben von fest verankerten Schleppdampfern auf die Kanalsohle des Rhein-Weser-Kanals. Maßstab 1 : 50.

Bemerkung: In Vergleich gezogen wurden Einschraubendampfer mit 1 Ruder und Einschraubendampfer mit 2 Rudern, deren Schrauben je 1 Stunde lang mit 461 Uml./min auf die Kanalsohle einwirkten.

Endergebnisse der Versuche und Schlußbemerkung.

Damit haben auch die zuletzt angeordneten Versuche ihren Abschluß gefunden. Sie haben zu dem wertvollen Ergebnis geführt, daß in der Doppelruderanordnung ein Mittel gegeben ist, die Angriffe der Dampferschrauben auf die Kanalsohle ganz erheblich herunterzusetzen, und zwar ohne nennenswerte Erhöhung der Beschaffungs- und Betriebskosten der Schleppdampfer.

Außerdem wird voraussichtlich die Wahl einer zweckentsprechenden Schraubenform sowohl für die Verringerung des Sohlenangriffes als auch für die Verminderung der Betriebskosten von Einfluß sein.

Die weitere Verwertung der Versuchsergebnisse und die Verfolgung des durch die Versuche gezeigten Weges ist Sache der Ausführung im großen.

Die sämtlichen Versuche sind durch den früheren Leiter der Versuchsanstalt, Hrn. Regierungs- und Baurat Thiele in der dargestellten sorgfältigen und fein durchgedachten Weise eingeleitet und bis zum Herbst des Jahres 1909 durchgeführt. Leider riß ihn ein früher Tod vor dem endgültigen Abschluß der Versuche aus seiner Tätigkeit.

In den vorliegenden Veröffentlichungen ist daher Wert darauf gelegt, die bereits von Thiele stammenden Darstellungen der Versuche und Versuchsergebnisse, soweit möglich, wörtlich zu übernehmen.

Die Versuche sind dann von den beiden Abteilungen der Versuchsanstalt zum Teil abwechselnd fortgeführt, und zwar durch die Herren Baurat Beyerhaus und Dr.-Ing. Gebers.

Krey: Modellversuche über den Schiffahrtsbetrieb auf Kanälen usw.

Fig. 25.　Begegnungsversuche.

Fig. 29.　Einwirkung der Schraube des Modellkahns
(1 : 30 d. Nat.) auf die Kanalsohle nach 2378 Fahrten.

Fig. 30.　Dasselbe nach 2398 Fahrten bei einer Verschiebung des Kahnes aus d. Kanalmitte.　Fahrtgeschw.
$v = 0{,}12$ bis $0{,}25$ m/sk (2,63 bis 4,90 km/st in d. Nat.)

Fig. 34.　Einbau der Holzmulden zu den Kanalmodellversuchen (1 : 10 der Natur).

Fig. 35.　Befestigung der Holzböschungen auf
das Muldenprofil.

Fig. 36.　Einebnung des zwischen den Holzböschungen befindlichen Sandes in das gewünschte Kanalprofil.

Krey: Modellversuche über den Schiffahrtsbetrieb auf Kanälen usw.

Fig. 76. Einwirkung der Doppelschraubenschiffe auf die Sohle des Modells des Rhein-Weser-Kanals nach 4000 Fahrten. Schrauben über oben nach innen schlagend.

Fig. 37. Anordnung der Bewegungseinrichtung des Modellschleppzuges.

Krey: Modellversuche über den Schiffahrtsbetrieb auf Kanälen usw.

Fig 42. Einwirkung der Schrauben auf das Modell des ursprünglich vorgesehenen Profils des Rhein-Weser-Kanals nach 3400 Fahrten.

Fig. 47. Einwirkung der Schrauben auf die Sohle des Modells des Großschiffahrtsweges Berlin-Stettin nach 1780 Fahrten. Fahrtgeschw. $v = 0{,}320$ bis $0{,}437$ m/sk ($3{,}65$ bis $4{,}95$ km/st).

Fig. 48. Wie Lichtbild Fig. 47 jedoch nach 5060 Fahrten bei 808 Uml./min der Schraube.

Fig. 57. Einwirkung der Schrauben auf die mit Kies bedeckte Sohle des Modells des Großschiffahrtsweges Berlin-Stettin nach 3510 Fahrten bei 808 Uml./min.

Fig. 58. Dasselbe wie Fig. 57. Kies von 1,25 bis 1,75 mm Korngröße, Bedeckungtiefe 15 mm.

Fig. 59. Dasselbe wie Fig. 58. Bedeckungstiefe 25 mm.

Krey: Modellversuche über den Schiffahrtsbetrieb auf Kanälen usw.

Einwirkung der Schraube auf die mit Kies bedeckte Sohle des Modells des Großschiffahrtsweges Berlin-Stettin nach 3510 Fahrten bei 808 Uml./min der Schraube. Kies von 1,75 bis 2,65 mm Korngröße.

Fig. 60. Bedeckungstiefe 15 mm.   Fig. 61. Bedeckungstiefe 25 mm.

Einwirkung der Schraube auf die mit Kies bedeckte Sohle des Modells des ursprünglich vorgesehenen Profils des Rhein-Weser-Kanals nach 3402 Fahrten bei 850 Uml./min der Schraube.

Fig. 65. Kies von 2,65 bis 4 mm Korngröße.   Fig 66. Kies von 1,75 bis 2,65 mm Korngröße.
Bedeckungstiefe 25 mm.   Bedeckungstiefe 25 mm.

Fig. 67. Dasselbe wie Fig. 65. Kies von 4 bis 6 mm Korngröße, Bedeckungstiefe 20 mm.   Fig. 86. Angriff der Einschraubenschiffe mit Heckabdeckung und 2 Rudern auf die Sohle des Modells des Rhein-Weser-Kanals nach 400 Fahrten.

Krey: Modellversuche über den Schiffahrtsbetrieb auf Kanälen usw.

Fig. 71. Doppelschraubenschiffe in Fahrt. Schrauben über oben nach innen schlagend. Fahrtgeschwindigkeit 0,44 m/sk (5,0 km/st).

Fig. 70. Doppelschraubenschiffe in Fahrt. Schrauben über oben nach außen schlagend. Fahrtgeschwindigkeit 0,44 m/sk (5,0 km/st).

Fig. 72. Einwirkung der Doppelschraubenschiffe auf die Sohle des Modells des Rhein-Weser-Kanals
nach 1000 Fahrten. Schrauben über oben nach außen schlagend.

Fig. 73. Einwirkung der Doppelschraubenschiffe auf die Sohle des Modells des Rhein-Weser-Kanals
nach 4000 Fahrten. Schrauben über oben nach außen schlagend.

Fig. 78. Einwirkung der Einschraubenschiffe mit Heckabdeckung und 1 Ruder auf die Sohle
des Modells des Rhein-Weser-Kanals nach 4000 Fahrten.

Fig. 79. Wie Fig. 78, jedoch Kanalprofil im Querschnitt gesehen.

Krey: Modellversuche über den Schiffahrtsbetrieb auf Kanälen usw.

Fig. 82. Einwirkung der Einschraubenschiffe mit Heckabdeckung und 2 Rudern auf die Sohle des Modells des Rhein-Weser-Kanals nach 4000 Fahrten.

Fig. 83. Einschraubenschiff mit Heckabdeckung und 2 Rudern in Fahrt. Fahrtgeschwindigkeit 0,44 mm/sk (5,0 km/st).

Krey: Modellversuche über den Schiffahrtsbetrieb auf Kanälen usw.

Einwirkung der Einschraubenschiffe mit Heckabdeckung und 2 Rudern auf die Sohle des Modells des Rhein-Weser-Kanals nach 400 Fahrten 0,53 (5,3) m seitlich der Mitte.

Fig. 88. Ohne Sohlenabdeckung. Fig. 89. Mit teilweiser Sohlenabdeckung.

Fig. 91. Dasselbe wie Fig. 88. 0,165 (1,65 m) seitlich der Mitte.

Fig. 94. Einwirkung der gewöhnlichen Einschraubenschiffe mit Doppelrudern auf die Sohle des Modells des Rhein-Weser-Kanals nach 4000 Fahrten bei normaler Seitenverschiebung.

Einwirkung der Dampfer auf die Sohle des Modells des Rhein-Weser-Kanalmodells durch Arbeit am Ort (Versuchsdauer 1 st).

Fig. 103. Sohlenangriff durch Einruderdampfer vorn, durch Zweiruderdampfer hinten. Fig. 104. Sohlenangriff durch Zweiruderdampfer vorn, durch Einruderdampfer hinten.

Sonderabdrücke

aus der Zeitschrift des Vereines deutscher Ingenieure,

die in folgende Fachgebiete eingeordnet sind:

1. Bagger.
2. Bergbau (einschl. Förderung und Wasserhaltung).
3. Brücken- und Eisenbau (einschl. Behälter).
4. Dampfkessel (einschl. Feuerungen, Schornsteine, Vorwärmer, Überhitzer).
5. Dampfmaschinen (einschl. Abwärmekraftmaschinen, Lokomobilen).
6. Dampfturbinen.
7. Eisenbahnbetriebsmittel.
8. Eisenbahnen (einschl. Elektrische Bahnen).
9. Eisenhüttenwesen (einschl. Gießerei).
10. Elektrische Krafterzeugung und -verteilung.
11. Elektrotechnik (Theorie, Motoren usw.).
12. Fabrikanlagen und Werkstatteinrichtungen.
13. Faserstoffindustrie.
14. Gebläse (einschl. Kompressoren, Ventilatoren).
15. Gesundheitsingenieurwesen (Heizung, Lüftung, Beleuchtung, Wasserversorgung und Abwässerung).
16. Hebezeuge (einschl. Aufzüge).
17. Kondensations- und Kühlanlagen.
18. Kraftwagen und Kraftboote.
19. Lager- und Ladevorrichtungen (einschl. Bagger).
20. Luftschiffahrt.
21. Maschinenteile.
22. Materialkunde.
23. Mechanik.
24. Metall- und Holzbearbeitung (Werkzeugmaschinen).
25. Pumpen (einschl. Feuerspritzen und Strahlapparate).
26. Schiffs- und Seewesen.
27. Verbrennungskraftmaschinen (einschl. Generatoren).
28. Wasserkraftmaschinen.
29. Wasserbau (einschl. Eisbrecher).
30. Meßgeräte.

Einzelbestellungen auf diese Sonderabdrücke werden gegen Voreinsendung des in der Zeitschrift als Fußnote zur Überschrift des betr. Aufsatzes bekannt gegebenen Betrages ausgeführt.

Vorausbestellungen auf sämtliche Sonderabdrücke der vom Besteller ausgewählten Fachgebiete können in der Weise geschehen, daß ein Betrag von etwa 5 bis 10 M eingesandt wird, bis zu dessen Erschöpfung die in Frage kommenden Aufsätze regelmäßig geliefert werden.

Zeitschriftenschau.

Vierteljahrsausgabe der in der Zeitschrift des Vereines deutscher Ingenieure erschienenen Veröffentlichungen 1898 bis 1910.

Preis bei portofreier Lieferung für den Jahrgang

3,— $\mathcal{M}$ für Mitglieder.   10,— $\mathcal{M}$ für Nichtmitglieder.

Seit Anfang 1911 werden von der Zeitschriftenschau der einzelnen Hefte einseitig bedruckte gummierte Abzüge angefertigt.

Der Jahrgang kostet

2,— $\mathcal{M}$ für Mitglieder.   4,— $\mathcal{M}$ für Nichtmitglieder.

Portozuschlag für Lieferung nach dem Ausland 50 Pfg für den Jahrgang. Bestellungen, die nur gegen vorherige Einsendung des Betrages ausgeführt werden, sind an die **Redaktion der Zeitschrift des Vereines deutscher Ingenieure, Berlin NW., Charlottenstraße 43** zu richten.

Mitgliederverzeichnis d. Vereines deutscher Ingenieure.

Preis 2,50 $\mathcal{M}$. Das Verzeichnis enthält die Adressen sämtlicher Mitglieder sowie ausführliche Angaben über die Arbeiten des Vereines.

Bezugsquellen.

Zusammengestellt aus dem Anzeigenteil der Zeitschrift des Vereines deutscher Ingenieure. Das Verzeichnis erscheint zweimal jährlich in einer Auflage von 35 bis 40000 Stück. Es enthält in deutsch, englisch, französisch, italienisch, spanisch und russisch ein alphabetisches und ein nach Fachgruppen geordnetes Adressenverzeichnis. Das Bezugsquellenverzeichnis wird auf Wunsch kostenlos abgegeben.